普通高等教育“十三五”规划教材
普通高等院校数学精品教材

高等数学简明教程

主　编　刘　俊　廖毕文
副主编　张　敏　胡杨子

华中科技大学出版社
中国·武汉

内 容 提 要

本书是作者根据教学一线多年的实践，以“必需、够用、适度拓展”为原则而编写的，本书注意衔接中学数学知识，适当把握教学内容的深度和广度，旨在培养学生良好的思维能力、创新能力和学习能力，为后续专业课程服务．其主要内容有预备知识、极限与连续、导数与微分、导数的应用、不定积分、定积分及其应用、常微分方程、向量代数与空间解析几何等八章．

本书具有逻辑清晰，推导简化等特点，可作为高职高专院校的数学通用教材或自学参考书．

图书在版编目(CIP)数据

高等数学简明教程/刘俊，廖毕文主编．—武汉：华中科技大学出版社，2018.10 (2022.8 重印)
ISBN 978-7-5680-4660-2

Ⅰ．①高…　Ⅱ．①刘…　②廖…　Ⅲ．①高等数学-高等学校-教材　Ⅳ．①O13

中国版本图书馆 CIP 数据核字(2018)第 235255 号

高等数学简明教程
Gaodeng Shuxue Jianming Jiaocheng

刘　俊　廖毕文　主编

策划编辑：周芬娜
责任编辑：周芬娜
封面设计：刘　卉
责任校对：李　弋
责任监印：赵　月
出版发行：华中科技大学出版社(中国·武汉)　　电话：(027)81321913
　　　　　武汉市东湖新技术开发区华工科技园　　邮编：430223
录　　排：武汉市洪山区佳年华文印部
印　　刷：武汉科源印刷设计有限公司
开　　本：710mm×1000mm　1/16
印　　张：9.5
字　　数：200 千字
版　　次：2022 年 8 月第 1 版第 3 次印刷
定　　价：29.00 元

华中出版

前　言

近年来，随着科学技术的飞速发展，数学作为基础学科得到了长足的进步．一方面数学的分支学科越来越细化，另一方面数学与其它学科的融合也是你中有我、我中有你．这一切都突破了传统观念的束缚，数学变得更深刻、更有用．但是，相比于数学学科日新月异的变革，高职高专院校的数学教学似乎没有什么变化，其主要表现是教师在课堂上讲得很辛苦，但是学生仍然听不懂、学不会，而这种状态是与我们教育的初衷背道而驰的．

我们根据高职高专的人才培养方案，着眼学生知识能力和素质发展的基本要求，以培养高素质人才为目标，编写了此书．我们以基础性、实用性和针对性为出发点，坚持“以学为主，学用结合”的教学理念，尊重学生个体差异，充分考虑学生的基础现状和认知特点，适当降低理论的系统性，弱化对定理的论证和计算要求，把侧重点放在对学生数学应用能力的培养上．通过典型例子的分析和学生的自主探究活动，学生应能了解数学概念的形成过程，体验数学发现和创造的历程，体会蕴含在其中的思想方法，培养他们的创新能力．

本书由陆军工程大学军械士官学校基础部的刘俊、廖毕文任主编，陆军工程大学军械士官学校基础部的张敏和华中科技大学数学与统计学院的胡杨子任副主编．在撰写、修改和出版过程中，正是各位同志的大力支持，才使本书得以面世，在此一并表示感谢．

由于编者水平有限，同时时间仓促，书中难免存在不妥之处，恳请读者批评指正．

编　者

2018 年 6 月

目　　录

第 1 章　预备知识

集合论是现代数学中的一个重要分支,它的基本知识已被运用于数学的各个领域.函数是数学中一个极其重要的概念,是学习高等数学、应用数学和其它科学技术必不可缺少的基础.本章将要介绍关于集合的一些重要概念、常用符号和简单运算,然后阐述函数的概念和有关的一些基本知识.

第 1 节　集合的概念

一、集合的意义

在日常生活中,人们往往把具有某种特定性质的对象作为一个整体加以研究,例如:

(1) 某校某区队的全体学员.

(2) 某军械仓库的全部加农炮.

(3) 美军的所有 B-2 轰炸机.

这里所用的"全体""全部"都是指具有某种特定性质的对象的总体.

我们把具有某种特定性质的对象组成的总体称为集合,简称集,把组成集合的各个对象称为这个集合的元素.

例如,上面例子中的(1)是由这个学校某区队全体学员组成的集合,该区队的每一个学员都是这个集合的元素;(2)是由这个军械仓库的全部加农炮组成的集合,该库中的每一门加农炮都是这个集合的元素;(3)是由美军的全部 B-2 轰炸机组成的集合,美军的每一架 B-2 轰炸机都是这个集合的元素.

习惯上,我们用大写字母 $A,B,C,\cdots$ 表示集合,用小写字母 $a,b,c,\cdots$ 表示集合中的元素.如果 a 是集合 A 的元素,就记为"$a\in A$",读作"a 属于 A";如果 a 不是集合 A 的元素,就记为"$a\notin A$",读作"a 不属于 A".

由点组成的集合称为点集,而由数组成的集合称为数集,数集由以下的符号来表示.

数　集	自然数集	整数集	有理数集	实数集
记　号	**N**	**Z**	**Q**	**R**

如果数集中的元素都是正数,就在集合记号的右上角标以"+"号;如果数集中的元素都是负数,就在集合记号的右上角标以"−"号. 例如,正整数集用 $\mathbf{Z}^+$ 表示,负实数集用 $\mathbf{R}^-$ 表示.

一个"给定集合"的含义是指这个集合的元素是确定的,也就是说,根据集合的元素所具有的特定性质,可以判断出哪些对象是集合的元素,哪些不是集合的元素,不能模棱两可. 例如,身材很高的人、紧俏的商品,都不能构成集合,而对于自然数集 $\mathbf{N}$,依据自然数的特定性质可以判断出:$2\in\mathbf{N}$,$\sqrt{2}\notin\mathbf{N}$,$\frac{1}{2}\notin\mathbf{N}$.

二、集合的表示法

1. 列举法

就是把属于某个集合的元素一一列举出来,写在花括号{}内,每个元素仅写一次,不考虑顺序.

2. 描述法

就是把属于某个集合的元素所具有的特定性质描述出来,写在花括号{}内.

只含有有限个元素的集合称为有限集合,有限集合中仅含有一个元素的称为单元素集,含有无限多个元素的集合称为无限集合,不含有任何元素的集合称为空集,记为$\varnothing$. 把至少含有一个元素的集合称为非空集.

三、子集、真子集和集合相等

1. 子集

对于两个集合 A 和 B,如果集合 A 的任何一个元素都是集合 B 的元素,则集合 A 称为集合 B 的子集,记为 $A\subseteq B$ 或 $B\supseteq A$,读作"A 包含于 B"或"B 包含 A".

依照上述定义,有

(1) $A\subseteq A$ (任何一个集合都可以看作它本身的子集);

(2) $\Phi\subseteq A$ (空集可看成是任何集合 A 的子集).

2. 真子集

如果集合 A 是集合 B 的子集,并且 B 中至少有一个元素不属于 A,那么集合 A 称为集合 B 的真子集,记为 $A\subset B$ 或 $B\supset A$,读作"A 真包含于 B"或"B 真包含 A".

例如,设 $A=\{1,2\}$,$B=\{1,2,3\}$,由观察可知,A 是 B 的子集,且 $3\in B$,但 $3\notin A$,所以 A 又是 B 的真子集,即 $A\subset B$. 显然,$A\subset B\Rightarrow A\subseteq B$.

根据真子集的定义,还可知道空集是任何非空集合的真子集.

例 1 求集合 $A=\{1,2,3\}$的子集和真子集.

解 集合 A 的子集是:$\varnothing$,$\{1\}$,$\{2\}$,$\{3\}$,$\{1,2\}$,$\{1,3\}$,$\{2,3\}$,$\{1,2,3\}$.

集合 A 的真子集是:$\varnothing$,$\{1\}$,$\{2\}$,$\{3\}$,$\{1,2\}$,$\{1,3\}$,$\{2,3\}$.

3. 集合相等

如果两个集合中的元素完全相同，则称两个集合相等，记为 $A=B$.

例 2 说出以下两个集合之间的关系：

(1) $A=\{2,4,5,7\}$，$B=\{2,5\}$；

(2) $P=\{x\mid x^2=1\}$，$Q=\{-1,1\}$；

(3) $C=\{$奇数$\}$，$D=\{$整数$\}$.

解 (1) $B\subset A$；(2) $P=Q$；(3) $C\subset D$.

四、集合的运算

1. 交集

已知集合 $A=\{1,2,3,6\}$ 与 $B=\{1,2,5,6\}$，这两个集合的所有公共元素可以构成一个新的集合 $\{1,2,6\}$.

一般地，对于两个给定的集合 A，B，由既属于 A 又属于 B 的所有元素所构成的集合称为 A 与 B 的交集，记为 $A\cap B$，读作“A 交 B”. 例如，$\{1,2,3,6\}\cap\{1,2,5,6\}=\{1,2,6\}$.

交集有如图 1-1 所示四种情形.

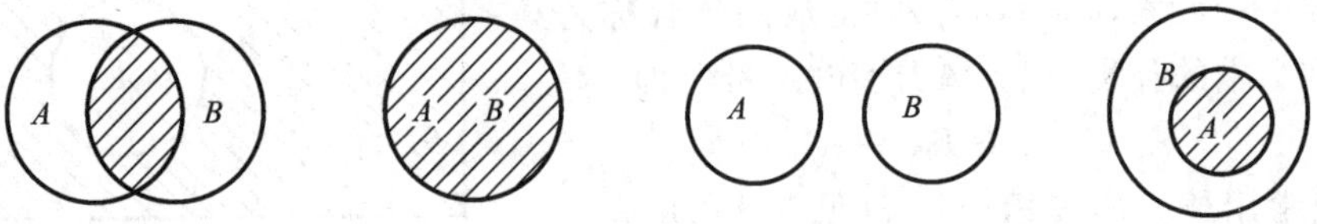

(1) (2) (3) (4)

图 1-1

对任意两个集合 A，B，有：

(1) $A\cap B=B\cap A$；

(2) $(A\cap B)\cap C=A\cap(B\cap C)$；

(3) $A\cap A=A$，$A\cap\varnothing=\varnothing\cap A=\varnothing$；

(4) $A\cap B\subseteq A$，$A\cap B\subseteq B$.

例 3 已知 $A=\{(x,y)\mid 4x+y=6\}$，$B=\{(x,y)\mid 3x+2y=7\}$，求 $A\cap B$.

解 $A\cap B=\left\{(x,y)\,\middle|\,\begin{cases}4x+y=6\\3x+2y=7\end{cases}\right\}=\{(1,2)\}$.

2. 并集

已知集合 $A=\{2,3,4\}$ 与 $B=\{1,2,3,5\}$，这两个集合的所有元素合在一起可以组成一个新的集合 $\{1,2,3,4,5\}$.

一般地，对于两个给定的集合 A，B，把它们所有的元素合在一起构成的集合称为 A 与 B 的并集，记作 $A\cup B$，读作“A 并 B”. 例如，$\{2,3,4\}\cup\{1,2,3,5\}=\{1,2,3,$

4,5}.

注意:用列举法表示集合时,每个元素只列举一次.

由并集的定义容易知道,对任意两个集合 A,B,有

(1) $A\cup B=B\cup A$;

(2) $(A\cup B)\cup C=A\cup(B\cup C)$;

(3) $A\cup A=A, A\cup\varnothing=A$;

(4) $A\subseteq A\cup B, B\subseteq A\cup B$.

例 4 设 $A=\{x\mid(x-1)(x+2)=0\}, B=\{x\mid x^2-4=0\}$,求 $A\cup B$.

解 因为

$$A=\{x\mid(x-1)(x+2)=0\}=\{1,-2\},$$
$$B=\{x\mid x^2-4=0\}=\{2,-2\},$$

所以

$$A\cup B=\{1,-2\}\cup\{2,-2\}=\{-2,1,2\}.$$

3. 全集与补集

我们在研究集合与集合之间的关系时,在某些情况下,这些集合都是某一给定集合的子集,这个给定的集合称为全集,用符号 I 表示.

例如,在研究数集时,我们常常把实数集 $\mathbf{R}$ 作为全集.

如果 A 是全集 I 的一个子集,由 I 中的所有不属于 A 的元素($a\in I, a\notin A$)构成的集合称为集合 A 在 I 中的补集,记为 $\overline{A}$,读作"A 补",即

$$\overline{A}=\{x\mid x\in I, x\notin A\}.$$

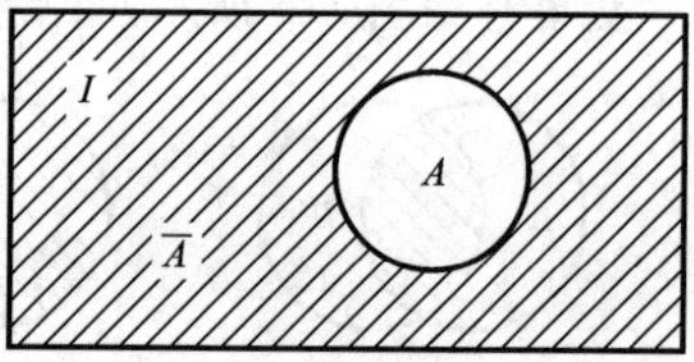

图 1-2

通常用长方形表示全集 I(见图 1-2),表示 A 的区域画在长方形内,图中阴影部分表示集合 A 在 I 中的补集.

由补集的定义知道,$A\cup\overline{A}=I, A\cap\overline{A}=\varnothing, \overline{\overline{A}}=A$.

例 5 设 $I=\{1,2,3,4,5,6,7,8,9,10\}, A=\{1,3,5\}, B=\{2,4,6\}$,求证:$\overline{A\cup B}=\overline{A}\cap\overline{B}$.

证 因为

$$A\cup B=\{1,2,3,4,5,6\},$$
$$\overline{A\cup B}=\{7,8,9,10\};$$

又因为

$$\overline{A}=\{2,4,6,7,8,9,10\},$$
$$\overline{B}=\{1,3,5,7,8,9,10\},$$

所以

$$\overline{A}\cap\overline{B}=\{7,8,9,10\},$$

因此

$$\overline{A\cup B}=\overline{A}\cap\overline{B}.$$

4. 差集

先看下面的例子:

设 $A=\{1,2,3,4\}, B=\{3,4,5,7\}$,属于集合 A 而不属于集合 B 的所有元素组成的一个集合 $C=\{1,2\}$.

对于这样的集合，给出下面的定义：

定义　设 A 和 B 是两个集合，把属于 A 而不属于 B 的所有元素组成的集合称为 A 和 B 的差集，记为 $A-B$，读作"A 减 B"，即

$$A-B=\{x|x\in A,x\notin B\}.$$

差集 $A-B$ 和差集 $B-A$ 分别用图 1-3(1)和(2)的阴影部分表示.

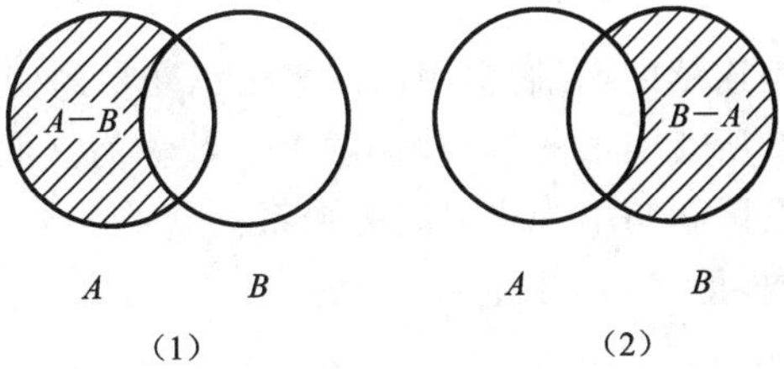

图 1-3

由图还可看出：$A-B=A-(A\cap B)$，$B-A=B-(A\cap B)$，如果 $A\subseteq B$，根据差集定义可知 $A-B=\varnothing$.

因为 $A\subseteq A$，所以 $A-A=\varnothing$，$A-\varnothing=A$.

例 6　求 $\mathbf{Z}-\mathbf{Q}^+$.

解　$\mathbf{Z}$ 和 $\mathbf{Q}^+$ 的差集 $\mathbf{Z}-\mathbf{Q}^+$ 是由所有负整数和零组成的集合，即

$$\mathbf{Z}-\mathbf{Q}^+=\{x|x\leqslant 0,x\in \mathbf{Z}\}.$$

习题一

1. 求集合$\{a,b,c,d\}$的子集和真子集.
2. 已知 $A=\{1, 2,4,5,9\}$，$B=\{3,6,9,10\}$，求：

(1) $A\cap B$；　(2) $A\cup B$；　(3) $A-B$；　(4) $B-A$.

3. 已知全集 $I=\{1,2,3,4,5\}$，$A=\{1,2\}$，$B=\{4,5\}$，求 $\overline{A}$ 和 $\overline{B}$.

第2节　函　　数

函数是数学中一个很重要的概念.应用数学知识来解决各种问题，经常要用到函数知识，本节我们将学习有关函数的一些基本知识.

一、常量、变量和区间

我们在研究问题时，常常会遇到两种不同的量，其中一种量在某一变化过程中，始终保持不变，这种量称为常量.然而，事物总是发展变化的，所以我们往往遇到更多的是变化的量，这种量称为变量.

但是，我们必须注意，常量和变量对某一过程来说是相对的.同一个量在某个场

合是常量，在另一场合就可能是变量. 例如，物体作匀速运动时，速度是常量，位移和时间是变量；但在变速直线运动中，在同一时间内，研究位移和速度的关系时，时间是常量，位移和速度是变量.

任何一个变量，总有一定的变化范围. 例如，某一天的最高温度是 28 ℃，最低温度是 16 ℃，那么，这一天温度 T 的变化范围是 16 ℃到 28 ℃，即变量 T 的变化范围是 16 到 28.

如果变量的变化是连续的，我们常用区间来表示变量的变化范围. 所谓区间就是指介于两个实数之间的所有实数的集合，这两个实数称为区间的端点. 下面，我们介绍几种区间的记法以及区间与不等式之间的关系.

设 a,b 为任意实数，且 $a<b$，规定：

(1) 闭区间：$[a,b]\Leftrightarrow a\leqslant x\leqslant b$；

(2) 开区间：$(a,b)\Leftrightarrow a<x<b$；

(3) 左开区间：$(a,b]\Leftrightarrow a<x\leqslant b$；

(4) 右开区间：$[a,b)\Leftrightarrow a\leqslant x<b$；

(5) $[a,+\infty)\Leftrightarrow x\geqslant a$；

(6) $(a,+\infty)\Leftrightarrow x>a$；

(7) $(-\infty,b]\Leftrightarrow x\leqslant b$；

(8) $(-\infty,b)\Leftrightarrow x<b$；

(9) $(-\infty,+\infty)\Leftrightarrow -\infty<x<+\infty$ 或 $x\in\mathbf{R}$.

在这里，记号“∞”读作无穷大，它不表示某个确定的实数，只表明某个变量在变化时，它的绝对值无限增大，没有止境. “$+\infty$”表示某个变量沿正方向无限增大，“$-\infty$”表示某个变量沿负方向绝对值无限增大.

二、函数的概念

1. 函数的定义

在事物的变化过程中，往往同时有几个变量在变化着，这些变量并不是孤立地在变，而是相互联系并按一定规律进行变化. 为了研究同一过程中各个变量之间的变化关系，这样就产生了函数的概念. 下面，我们就两个变量的情形看几个例子.

例 1　圆的面积 A 和半径 r 之间的关系是

$$A=\pi r^2.$$

当半径 r 在 $(0,+\infty)$ 内任意取定一个数值时，由上式就可确定圆的面积 A 的相应数值.

例 2　某种书的单价为 12 元，购买书的本数 x 和购买书的钱数 y 之间的变化关系是

$$y=12x\ (\text{元}).$$

当给定买书的本数时，通过上式就可算出买书所需的钱数.

抛开上面两个例子中的实际意义，它们都表明两个变量之间存在一种变化关系，当其中一个变量在其变化范围内任意取定一个数值时，依据这种关系，就可得到另一变量的一个确定的数值.

对变量的这种关系，我们给出函数的定义：

定义 设 D 是一个非空数集，如果变量 x 在其范围 D 内任意取一个数值时，按照某一对应法则 f，变量 y 总有唯一确定的值和它对应，那么，称 y 是定义在 D 上关于 x 的函数，其中 x 称为自变量，集合 D 称为函数 y 的定义域. 当 x 取遍 D 中的一切数值时，与 x 对应的所有 y 的值构成的集合称为函数的值域，一般用 M 表示.

例如，在例 1 中，面积 A 是半径 r 的函数，它的定义域 D 是 $\{r|r>0\}$，值域 M 是 $\{A|A>0\}$；在例 2 中，钱数 y 是购书数 x 的函数，它的定义域 D 是非负整数集，值域 M 是非负整数集.

2. 函数、函数值的记号

"y 是 x 的函数"，我们用 $y=f(x)$，$y=g(x)$，$y=\varphi(x)$ 等符号来表示. 其中，括号里的 x 表示自变量，f、g、φ 表示 y 和 x 之间的对应关系. 在同一问题中，讨论几个不同的函数时，为区别起见，我们要用不同的函数符号来表示这些函数. 对于函数 $y=f(x)$，当自变量 x 在定义域 D 内取定值 x_0 时，和 x_0 对应的 y 的值称为函数 $y=f(x)$ 在 $x=x_0$ 时的函数值，记为 $f(x_0)$ 或 $y|_{x=x_0}$.

例 3 求函数 $f(x)=\dfrac{2x-1}{x^2+1}$ 在点 $x_1=0$ 和点 $x_2=-1$ 处的函数值，并比较函数值 $f(x_1)$ 和 $f(x_2)$ 的大小.

解

$$f(x_1)=f(0)=\frac{2\times 0-1}{0^2+1}=-1,$$

$$f(x_2)=f(-1)=\frac{2\times(-1)-1}{(-1)^2+1}=-\frac{3}{2}.$$

所以

$$f(x_1)>f(x_2).$$

例 4 已知函数

$$f(x)=\begin{cases} x+1, & x\leqslant 0 \\ (x-1)^2, & 0<x<2, \\ x-1, & x\geqslant 2 \end{cases}$$

求 $f(2)$，$f(-3)$，$f(1)$ 和 $f(\sqrt{5})$ 的值.

解 $f(2)=2-1=1$；

$f(-3)=(-3)+1=-2$；

$f(1)=(1-1)^2=0$；

$f(\sqrt{5})=\sqrt{5}-1$.

类似本例,在不同的定义域范围内,函数的表达式不同,这类函数称为分段函数.

三、函数的两要素和函数定义域的求法

1. 函数的两要素

抓住事物的本质特征,是人们研究问题的重要方法之一.由函数的定义可知,当函数的定义域和函数的对应关系确定以后,这个函数就完全确定了.因此,我们常把函数的定义域和对应关系称为函数的两要素,只有当两个函数的定义域和对应关系完全相同时,这两个函数才被认为是相同的.例如,函数 $y=\sqrt{x^2}$ 和 $y=(\sqrt{x})^2$,虽然它们的对应关系相同,但它们的定义域不同,所以这两个函数是不同的.

2. 函数定义域的求法

既然函数的定义域是确定函数的两要素之一,那么在研究函数时我们要注意,只有在函数定义域内进行研究才有意义.

在实际问题中,函数的定义域是根据所研究问题的实际意义来确定的.如例 2 中,只有当 x 取非负整数时,函数 $y=12x$ 才有意义.

对于用数学式子来表示的函数,如果不考虑问题的实际意义,那么,函数的定义域是指能使这个式子有意义的所有实数的集合,使式子有意义一般要考虑以下几个方面:

(1) 在分式中,分母不能为零;

(2) 在根式中,负数不能开偶次方.

在我们将要学习的幂函数、指数函数、对数函数、三角函数和反三角函数中,还有:

(3) 在对数式中,真数要大于零;

(4) 在三角函数和反三角函数中,要符合它们定义域;

(5) 如果函数表达式中含有这样的两种或两种以上的情形,则应取各部分定义域的交集.

例 5 求下列函数的定义域:

(1) $y=2x^2$;　　(2) $y=\dfrac{x^2-1}{x^2-x-6}$;

(3) $y=\sqrt{x-2}$;　　(4) $y=\sqrt{x-2}+\dfrac{1}{2x-1}$.

解 (1) 对于任意实数,$2x^2$ 都有意义,所以 $y=2x^2$ 的定义域为实数集 $\mathbf{R}$,用区间表示,则为$(-\infty,+\infty)$.

(2) 因为 $x^2-x-6\neq0$,即 $x\neq-2$ 且 $x\neq3$ 时,$\dfrac{x^2-1}{x^2-x-6}$都有意义,所以 $y=$

$\frac{x^2-1}{x^2-x-6}$的定义域为$x\neq3$且$x\neq-2$的所有实数集，用区间表示为$(-\infty,-2)\cup(-2,3)\cup(3,+\infty)$.

(3) 因为$x-2\geqslant0$，即$x\geqslant2$时，$\sqrt{x-2}$才有意义，故$y=\sqrt{x-2}$的定义域是$[2,+\infty)$.

(4) 使$\sqrt{x-2}$有意义的实数x的集合是$[2,+\infty)$，使$\frac{1}{2x-1}$有意义的实数x的集合是$\left(-\infty,\frac{1}{2}\right)\cup\left(\frac{1}{2},+\infty\right)$，所以此函数的定义域是$[2,+\infty)$.

四、函数的奇偶性和单调性

1. 函数的奇偶性

定义 如果函数$y=f(x)$的定义域关于原点对称，且对于定义域内的任意x，都有：

(1) 如果$f(-x)=-f(x)$，那么$f(x)$称为奇函数；

(2) 如果$f(-x)=f(x)$，那么$f(x)$称为偶函数.

如果$f(x)$既不是奇函数也不是偶函数，那么$f(x)$称为非奇非偶函数.

根据定义，奇函数的图象关于原点对称，偶函数的图象关于y轴对称，如图1-4所示.

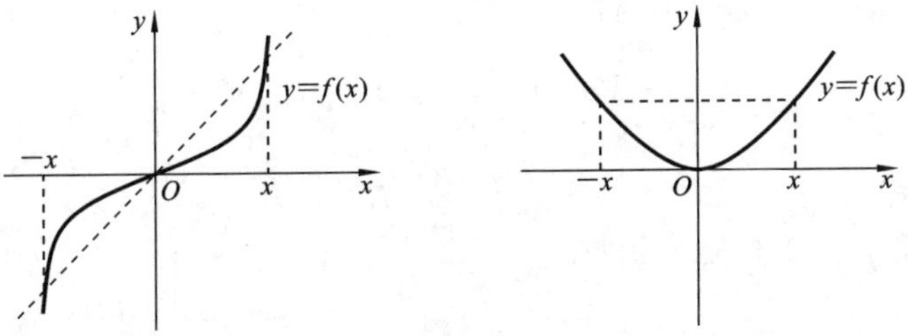

图1-4

应该注意的是，无论是奇函数还是偶函数，它们的定义域必须关于原点对称. 如果一个函数的定义域不关于原点对称，那么它一定是非奇非偶函数.

2. 函数的单调性

定义 如果函数$f(x)$在(a,b)内随着x的增大而增大，即对于(a,b)内任意两点x_1及x_2，当$x_1<x_2$时$f(x_1)<f(x_2)$，则称函数$f(x)$在(a,b)内是单调递增的，(a,b)称为$f(x)$的单调递增区间，其图象如图1-5所示.

如果函数$f(x)$在(a,b)内随着x的增大而减小，即对于(a,b)内任意两点x_1及x_2，当$x_1<x_2$时$f(x_1)>f(x_2)$，则称函数$f(x)$在(a,b)内是单调递减的，(a,b)称为$f(x)$的单调递减区间，其图象如图1-6所示.

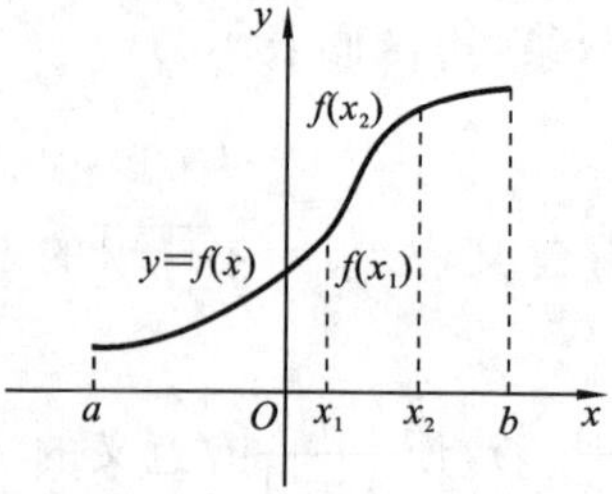

图 1-5

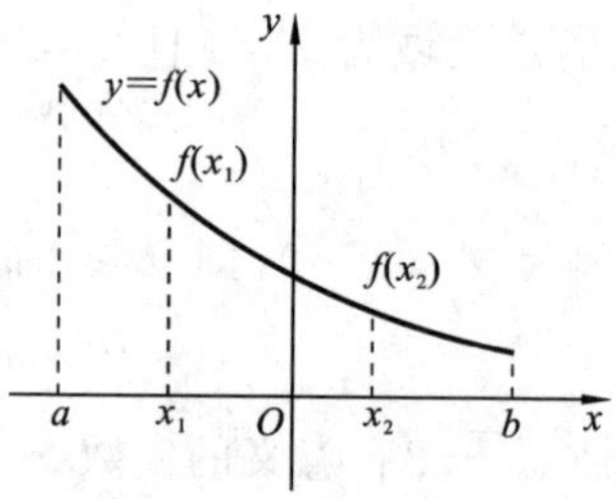

图 1-6

以上定义也适用于闭区间和无限区间的情况.在某一区间内单调递增或单调递减的函数都称为这个区间内的单调函数,该区间称为这个函数的单调区间.

例 6　证明 $f(x)=\dfrac{1}{x}$是在区间$(0,+\infty)$内的单调递减的函数.

证　设 $x_1>0,x_2>0$,且 $x_1<x_2$,则

$$f(x_1)=\frac{1}{x_1},\quad f(x_2)=\frac{1}{x_2},$$

$$f(x_1)-f(x_2)=\frac{1}{x_1}-\frac{1}{x_2}=\frac{x_2-x_1}{x_1x_2},$$

因为 $x_1>0,x_2>0$,所以

$$x_1\cdot x_2>0;$$

又因为 $x_1<x_2$,即 $x_2-x_1>0$,所以

$$\frac{x_2-x_1}{x_1x_2}>0\quad 即\quad f(x_1)-f(x_2)>0,$$

所以

$$f(x_1)>f(x_2),$$

$f\left(\dfrac{1}{x}\right)=\dfrac{1}{x}$在$(0,+\infty)$内是减函数.

五、反函数

定义　设函数 $y=f(x)$,如果对于 y 在值域中的每一个值,都有唯一确定的 x 与之对应,于是就构成了一个以 y 为自变量的新函数,称为 $y=f(x)$的反函数,记为 $x=f^{-1}(y)$,它的定义域为 M,值域为 D.

习惯上,我们常用 x 表示自变量,用 y 表示函数,因此反函数通常用 $y=f^{-1}(x)$来表示.函数 $y=f(x)$的图象与它的反函数的图象关于直线 $y=x$ 对称,如图 1-7 所示.

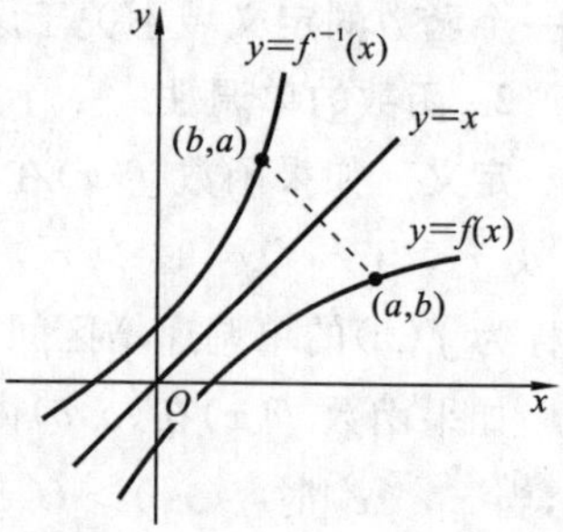

图 1-7

例 7　求 $y=3x-6$ 的反函数.

解　由 $y=3x-6$ 可得

$$x=\frac{1}{3}y+2,$$

交换 x 和 y，有反函数

$$y=\frac{1}{3}x+2.$$

习题二

1. 已知 $f(x)=\begin{cases}-1, & x<0\\ 2, & x=0\\ 1-x^2, & x>0\end{cases}$，求 $f(-5)$，$f(0)$，$f(3)$.

2. 求函数的定义域：

(1) $y=\sqrt{x+2}$；　　　　(2) $y=\dfrac{1}{\sqrt{x^2-x-6}}$；

(3) $y=\log_3(x+4)$；　　　　(4) $y=\sqrt[3]{x-4}+\dfrac{1}{2x-3}$.

3. 判断 $y=x^2+1$ 的奇偶性.

4. 判断 $y=x^3$ 的单调性.

5. 求 $y=x^3+1$ 的反函数.

第3节　幂　函　数

一、定义

我们已经学过函数 $y=x$，$y=x^2$ 和 $y=x^{-1}$（即 $y=\dfrac{1}{x}$），它们都是用变量的整数次幂的形式来表示的. 在实际问题中，我们还会遇到用自变量的分数指数幂来表示的函数.

例如，正方形的边长 l 和面积 A 之间的函数关系为 $l^2=A$，即 $l=\sqrt{A}$.

对于这种底数是变量，指数是常数的函数，我们给出下面的定义：

定义　函数 $y=x^\alpha$ 称为幂函数，其中指数 α 为常数，它可以为任何实数.

因此，上面所举的函数 $y=x$，$y=x^2$，$y=x^{-1}$ 等都是幂函数. 又如 $y=x^{\sqrt{2}}$ 和 $y=x^{-\sqrt{5}}$ 也是幂函数.

本书只讨论 α 为任意有理数的情况.

幂函数 $y=x^\alpha$ 的定义域随指数 α 的值而确定.

例如，函数 $y=x^3$ 的定义域是 $(-\infty,+\infty)$；$y=x^{-1}$ 和 $y=x^{-2}$ 的定义域都是

$(-\infty,0)\cup(0,+\infty)$，$y=x^{\frac{1}{2}}$的定义域是$[0,+\infty)$，$y=x^{-\frac{1}{2}}$的定义域是$(0,+\infty)$.

二、图象和性质

观察幂函数 $y=x$，$y=x^2$，$y=x^{\frac{1}{2}}$，$y=x^{-1}$，$y=x^{-2}$和 $y=x^{-\frac{1}{2}}$的图象(见图 1-8)，由这些幂函数的图象可以看出以下特点：

(1) 图象都过点(1,1)；

(2) 在第一象限内，前三个幂函数(指数均大于 0)的图象从左至右逐渐上升，即函数值都是随 x 值的增大而增大，函数是单调增加的；后三个幂函数(指数均小于 0)的图象从左至右逐渐下降，即函数值都是随 x 值的增大而减小，函数是单调减少的.

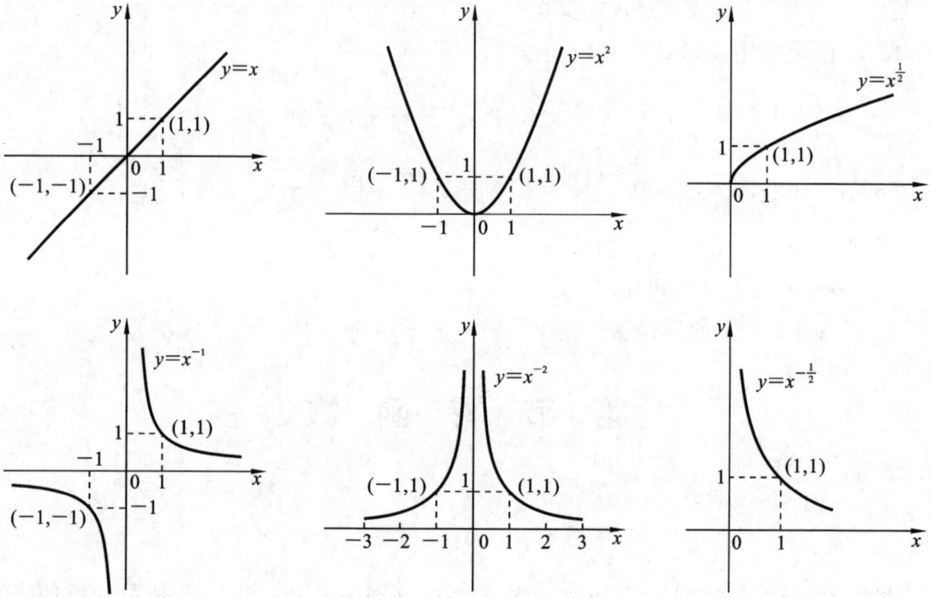

图 1-8

一般地，幂函数 $y=x^{\alpha}$ 有以下性质：

(1) 图象都过点(1,1)；

(2) 当 $\alpha>0$ 时，$y=x^{\alpha}$ 在$(0,+\infty)$内单调增加；当 $\alpha<0$ 时，$y=x^{\alpha}$ 在$(0,+\infty)$内单调减少.

例 1　比较下列各组数中两个数的大小：

(1) $1.98^{\frac{1}{2}}$与 $2.01^{\frac{1}{2}}$；　　(2) $3.4^{-\frac{5}{4}}$与 $3.5^{-\frac{5}{4}}$.

解　(1) $1.98^{\frac{1}{2}}$和 $2.01^{\frac{1}{2}}$可以看作是函数 $y=x^{\frac{1}{2}}$，当 $x=1.98$ 和 $x=2.01$ 时的两个函数值，由于 $y=x^{\frac{1}{2}}$在$(0,+\infty)$内是增函数，可知 $1.98^{\frac{1}{2}}<2.01^{\frac{1}{2}}$.

(2) $3.4^{-\frac{5}{4}}$与 $3.5^{-\frac{5}{4}}$可以看作是函数 $y=x^{-\frac{5}{4}}$，当 $x=3.4$ 和 $x=3.5$ 时的两个函

数值，由于 $y=x^{-\frac{5}{4}}$ 在 $(0,+\infty)$ 内是减函数，可知 $3.4^{-\frac{5}{4}}>3.5^{-\frac{5}{4}}$.

习题三

1. 求下列函数的定义域，画出它们的大致图形，并说明它们的性质：

(1) $y=x^{\frac{3}{2}}$； (2) $y=x^{\frac{2}{3}}$； (3) $y=x^{-3}$.

2. 比较下列各组中两个值的大小：

(1) $3.2^{\frac{3}{2}}$ 和 $3.19^{\frac{3}{2}}$； (2) $0.3^{-\frac{2}{3}}$ 和 $0.2^{-\frac{2}{3}}$；

(3) $2.2^{-\frac{3}{2}}$ 和 $1.8^{-\frac{3}{2}}$； (4) $0.5^{-\frac{2}{3}}$ 和 $0.7^{-\frac{2}{3}}$.

3. 求下列函数的定义域：

(1) $y=x+x^{-2}$； (2) $y=\dfrac{(x+3)^{\frac{1}{2}}}{(x-5)^{2}}$；

(3) $y=(4x-1)^{-\frac{1}{3}}$； (4) $y=(x^{2}-3x+2)^{-\frac{1}{2}}$.

第4节 指数函数

一、定义

先看下面的例子：

某产品原来的年产量是1万吨，计划从今年开始，年产量平均每年增加15%，那么，x 年后该产品的年产量 y（单位：万吨）为

$$y=(1+15\%)^{x},$$

即

$$y=1.15^{x}.$$

上面例子中的函数，它的指数是变量，底数是常量，对于这样的函数，我们给出下面的定义：

定义 函数 $y=a^{x}$（$a>0$，且 $a\neq1$）称为指数函数，它的定义域是实数集 $\mathbf{R}$.

因此，上面例子中的函数 $y=1.15^{x}$ 是一个指数函数，由于 x 只能取正整数，所以，它的定义域是正整数集 $\mathbf{Z}^{+}$.

又如函数 $y=2^{x}$，$y=\left(\dfrac{1}{2}\right)^{x}$，$y=10^{x}$ 也都是指数函数，它们的定义域是实数集 $\mathbf{R}$.

二、图象和性质

先看指数函数 $y=\left(\dfrac{1}{5}\right)^{x}$，$y=\left(\dfrac{1}{2}\right)^{x}$，$y=5^{x}$，$y=2^{x}$ 的图象（见图1-9），由图1-9可以看出这四个函数的图象有下面的性质：

(1) 图象都在 x 轴上方；

(2) 图象都通过点(0,1)；

(3) 当 $a>1$ 时，曲线从左到右逐渐上升；当 $0<a<1$ 时，曲线从左到右逐渐下降；

(4) 当 $a>1$ 时，曲线的右端向上无限伸展，左端无限地逼近 x 轴，但和 x 轴不相交；当 $0<a<1$ 时，曲线的左端向上无限伸展，右端无限地逼近 x 轴，但和 x 轴不相交.

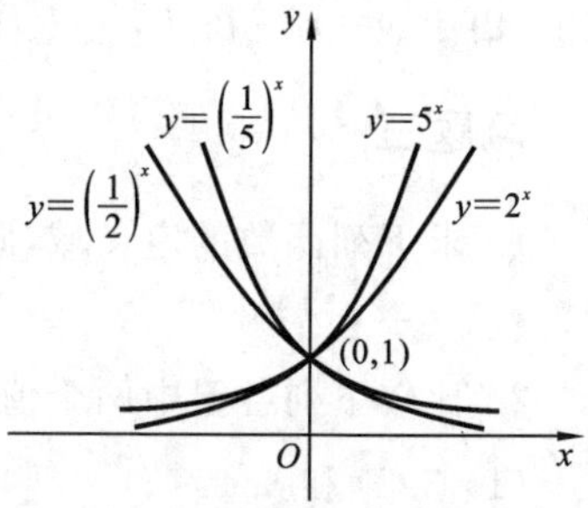

图 1-9

一般地，指数函数 $y=a^x$ 的图象和性质如表1-1所示.

表 1-1

函数	$y=a^x(a>1)$	$y=a^x(0<a<1)$
图象	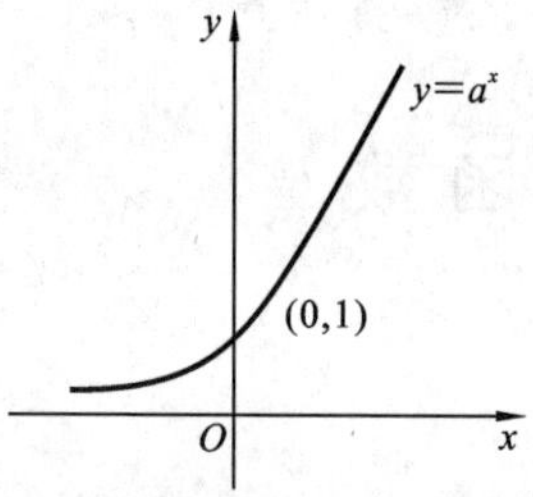	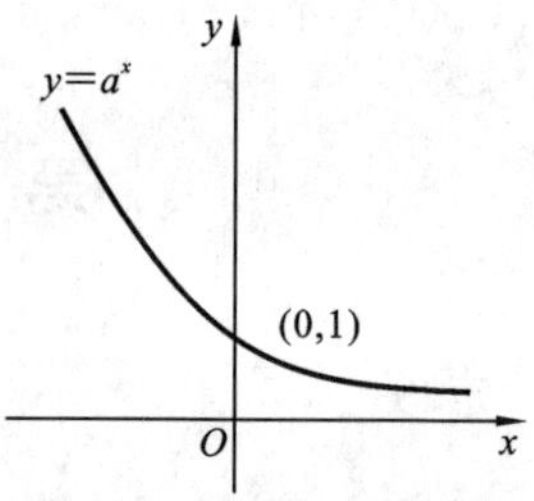
性质	(1) $y>0$	(1) $y>0$
	(2) 函数单调增加	(2) 函数单调减少
	(3) 当 $x=0$ 时，$y=1$； 当 $x>0$ 时，$y>1$； 当 $x<0$ 时，$0<y<1$	(3) 当 $x=0$ 时，$y=1$； 当 $x>0$ 时，$0<y<1$； 当 $x<0$ 时，$y>1$
	(4) 当 $x\to+\infty$ 时，$y\to+\infty$； 当 $x\to-\infty$ 时，$y\to 0$	(4) 当 $x\to+\infty$ 时，$y\to 0$； 当 $x\to-\infty$ 时，$y\to+\infty$

例 1　比较下列两个幂的大小：

(1) $3^{\frac{1}{2}}$ 和 $3^{\frac{1}{3}}$；　　(2) $0.3^{\frac{1}{2}}$ 和 $0.3^{\frac{1}{3}}$.

解　(1) $3^{\frac{1}{2}}$ 和 $3^{\frac{1}{3}}$ 可以看作是函数 $y=3^x$，当 $x=\frac{1}{2}$ 和 $x=\frac{1}{3}$ 时的两个函数值，根据 $y=a^x(a>1)$ 的性质，可知 $3^{\frac{1}{2}}>3^{\frac{1}{3}}$.

(2) 同样，根据 $y=a^x(0<a<1)$ 的性质，可知 $0.3^{\frac{1}{2}}<0.3^{\frac{1}{3}}$.

例 2　下面两个数，哪个大于 1？哪个小于 1？

(1) $10^{\frac{2}{3}}$；　　(2) $10^{-\frac{2}{3}}$.

解　根据 $y=a^x(a>1)$的性质,可知

(1) $10^{\frac{2}{3}}>10^0=1$;

(2) $0<10^{-\frac{2}{3}}<10^0=1$.

例 3　决定下列各式中 x 的正负:

(1) $2^x=1.2$;　　　　(2) $2^x=0.2$.

解　根据 $y=a^x(a>1)$的性质,可知

(1) 因为 $2^x=1.2>1$,所以 $x>0$;

(2) 因为 $2^x=0.2<1$,所以 $x<0$.

例 4　设函数 $y_1=a^{2x^2+1}$,$y_2=a^{x^2+5}$,求使 $y_1<y_2$ 的 x 值.

解　要使 $y_1<y_2$,就是要使 $a^{2x^2+1}<a^{x^2+5}$,这时有两种情形:

(1) 当 $a>1$ 时,根据 $y=a^x$ 的性质,可知

$$2x^2+1<x^2+5, \quad 即 \quad -2<x<2.$$

用集合表示为$\{x|-2<x<2\}$.

(2) 当 $0<a<1$ 时,根据 $y=a^x$ 的性质,可知

$$2x^2+1>x^2+5, \quad 即 \quad x<-2 \quad 或 \quad x>2,$$

用集合表示为$\{x|x<-2 或 x>2\}$.

例 5　解不等式 $0.09^{x^2-\frac{5}{2}x+\frac{5}{2}}>\frac{27}{1000}$.

解　化简原不等式,得

$$0.3^{2x^2-5x+5}>0.3^3,$$

由指数函数 $y=a^x(0<a<1)$的性质,得

$$2x^2-5x+5<3, \quad 即 \quad \frac{1}{2}<x<2,$$

故原不等式的解集为$\left\{x\middle|\frac{1}{2}<x<2\right\}$.

例 6　求下列函数的定义域:

(1) $y=\sqrt{1-2^x}$;　　　　(2) $y=\dfrac{1}{\sqrt{\left(\frac{1}{2}\right)^x-4}}$.

解　(1) 因为 $1-2^x\geqslant 0$,所以 $2^x\leqslant 1$. 由指数函数的性质得 $x\leqslant 0$,即函数 $y=\sqrt{1-2^x}$的定义域为$(-\infty,0]$.

(2) 因为$\left(\frac{1}{2}\right)^x-4>0$,所以$\left(\frac{1}{2}\right)^x>\left(\frac{1}{2}\right)^{-2}$. 由指数函数 $y=a^x(0<a<1)$的性质得 $x<-2$,即原函数的定义域为$(-\infty,-2)$.

习题四

1. 下列函数中哪些是增函数，哪些是减函数？

(1) $y=4^x$；　　(2) $y=0.2^x$；　　(3) $y=\left(\frac{3}{2}\right)^x$.

2. x 取什么值时，下列各式成立？

(1) $2^{x+3}>2^{4x}$；　　(2) $\left(\frac{1}{2}\right)^{2x-5}<\left(\frac{1}{2}\right)^{x+2}$.

3. 比较大小：

(1) $3^{-0.7}$ 和 $3^{-2.7}$；　　(2) $\left(\frac{1}{3}\right)^{1.2}$ 和 $\left(\frac{1}{3}\right)^{0.2}$.

第5节　对数函数

一、定义

如果某产品生产了 x 年，年产量 y，而它的年增长率为 15%，则年产量 y 与生产年数 x 之间的关系为：$y=1.15^x$，可以看出，这个函数的对应关系和反对应关系都是单值的，根据反函数的定义，它的反函数是 $y=\log_{1.15}x$.

对于这样的函数，给出下面的定义：

定义　函数 $y=\log_a x$ ($a>0$ 且 $a\neq 1$) 称为对数函数，它的定义域为正实数集 $\mathbf{R}^+$.

因此，上面的函数 $y=\log_{1.15}x$ 是对数函数.

又如 $y=\log_2 x$，$y=\log_{\frac{1}{2}}x$，$y=\lg x$ 和 $y=\ln x$ 都是对数函数，它们分别是 $y=2^x$，$y=\left(\frac{1}{2}\right)^x$，$y=10^x$ 和 $y=\mathrm{e}^x$ 的反函数.

二、图象和性质

先看对数函数 $y=\log_{\frac{1}{5}}x$，$y=\log_{\frac{1}{2}}x$，$y=\log_2 x$，$y=\log_5 x$ 的图象.

这些函数的图象，可以用描点法作出，也可以根据互为反函数的函数图象之间的关系作出.

在图 1-10 中，作出了指数函数 $y=\left(\frac{1}{2}\right)^x$ 和它的反函数 $y=\log_{\frac{1}{2}}x$ 的图象，在图 1-11 中作出了指数函数 $y=2^x$ 的图象和它的反函数 $y=\log_2 x$ 的图象. 由图 1-10 和图 1-11 可以看出这四个对数函数的图象有下面的性质：

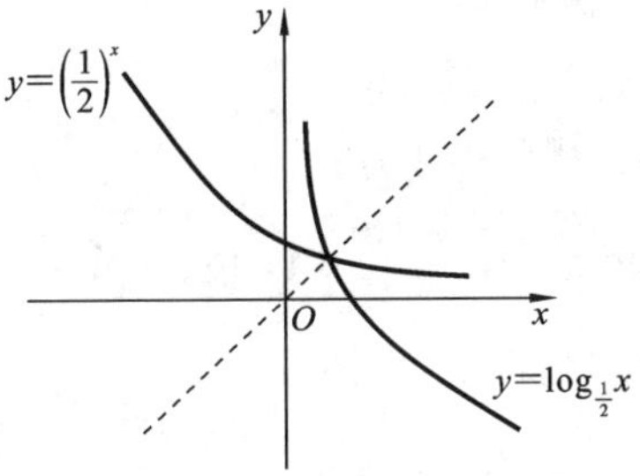

图 1-10

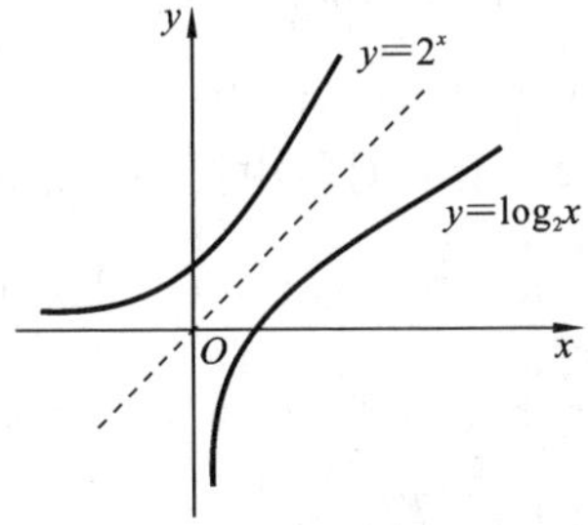

图 1-11

(1) 图象都在 y 轴的右方；

(2) 图象都通过点$(1,0)$；

(3) 当 $a>1$ 时，曲线从左到右逐渐上升；当 $0<a<1$ 时，曲线从左到右逐渐下降；

(4) 当 $a>1$ 时，曲线的右端向上无限伸展，左端向下无限逼近 y 轴，但和 y 轴不相交；当 $0<a<1$ 时，曲线的右端向下无限伸展，左端向上无限逼近 y 轴，但和 y 轴不相交.

一般地，对数函数 $y=\log_a x$ 的图象和性质如表 1-2 所示.

表 1-2

函数	$y=\log_a x\,(a>1)$	$y=\log_a x\,(0<a<1)$
图象	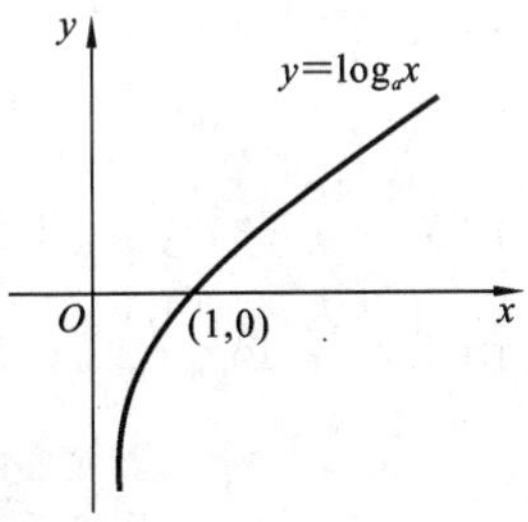	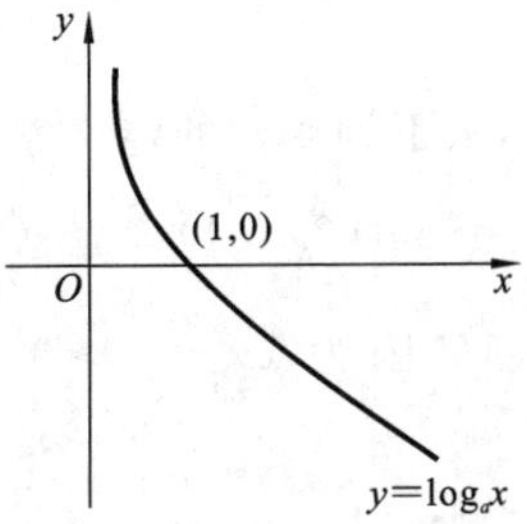
性质	(1) $y>0$	(1) $y>0$
	(2) 函数单调增加	(2) 函数单调减少
	(3) 当 $x=1$ 时，$y=0$； 当 $x>1$ 时，$y>0$； 当 $0<x<1$ 时，$y<0$	(3) 当 $x=1$ 时，$y=0$； 当 $x>1$ 时，$y<0$； 当 $0<x<1$ 时，$y>0$
	(4) 当 $x\to+\infty$ 时，$y\to+\infty$； 当 $x\to0$ 时，$y\to-\infty$	(4) 当 $x\to+\infty$ 时，$y\to-\infty$； 当 $x\to0$ 时，$y\to+\infty$

例 1　比较大小：

(1) $\log_2 3$ 和 $\log_2 5$；　　(2) $\log_{\frac{1}{2}} 3$ 和 $\log_{\frac{1}{2}} 5$.

解　(1) $y=\log_2 x$ 在 $(0,+\infty)$ 内是增函数，因此 $\log_2 3<\log_2 5$；

(2) $y=\log_{\frac{1}{2}} x$ 在 $(0,+\infty)$ 内是减函数，因此 $\log_{\frac{1}{2}} 3>\log_{\frac{1}{2}} 5$.

例 2　下列对数中哪些是正的，哪些是负的，哪些等于零？

(1) $\log_2 \dfrac{4}{3}$；　(2) $\log_2 1$；　(3) $\log_2 \dfrac{3}{4}$；　(4) $\log_{\frac{1}{2}} \dfrac{3}{4}$.

解　根据函数 $y=\log_a x$ 在 $a>1$ 和 $0<a<1$ 的性质，可知

(1) $\log_2 \dfrac{4}{3}>0$；　(2) $\log_2 1=0$；

(3) $\log_2 \dfrac{3}{4}<0$；　(4) $\log_{\frac{1}{2}} \dfrac{3}{4}>0$.

例 3　解不等式 $1-\lg x>\lg(7-x)$.

解　原不等式中 x 的取值范围是

$$\begin{cases} x>0 \\ 7-x>0 \end{cases}，\quad 即\quad 0<x<7,$$

解不等式 $1-\lg x>\lg(7-x)$，得

$$\lg[(7-x)x]<\lg 10,$$

根据对数函数 $(a>1)$ 的增减性，得

$$(7-x)x<10,\quad 即\quad x<2\quad 或\quad x>5,$$

故原不等式的解集是

$$\{x \mid 0<x<2 \text{ 或 } 5<x<7\}.$$

例 4　求下列函数的定义域：

(1) $y=\log_a(2x-1)$；　(2) $y=\log_{(x-2)}(x+2)$；　(3) $y=\sqrt{\lg x}$.

解　(1) 因为 $2x-1>0$，所以 $x>\dfrac{1}{2}$，即函数 $y=\log_a(2x-1)$ 的定义域是 $\left(\dfrac{1}{2},+\infty\right)$.

(2) 因为

$$\begin{cases} x+2>0 \\ x-2>0, \\ x-2\neq 1 \end{cases}\quad 即\quad \begin{cases} x>-2, \\ x>2, \\ x\neq 3. \end{cases}$$

所以

$$x>2\quad 且\quad x\neq 3,$$

即函数 $y=\log_{(x-2)}(x+2)$ 的定义域是 $(2,3)\cup(3,+\infty)$.

(3) 因为

$$\begin{cases} x>0 \\ \lg x\geqslant 0 \end{cases}，\quad 即\quad \begin{cases} x>0 \\ x\geqslant 1 \end{cases},$$

所以

$$x\geqslant 1,$$

即函数 $y=\sqrt{\lg x}$ 的定义域是 $[1,+\infty)$.

习题五

1. 解不等式：

(1) $\log_{\frac{1}{3}} x>1$；

(2) $\log_3 x^2>\log_3(3x-2)$；

(3) $\lg(2x+1)<\lg(5-x)$；

(4) $0<\log_{\frac{1}{3}} x<1$.

2. 求函数的定义域：

(1) $y=\log_a(-x)$；

(2) $y=\dfrac{1}{\log_2 x}$；

(3) $y=\log_{(2x+1)}(1-x^2)$；

(4) $y=\dfrac{1}{\sqrt{\lg(1-3x)}}$.

第6节 任意角三角函数的概念

一、任意角三角函数的定义和定义域

设 α 是从 Ox 到 OP 的任意大小的角，在角 α 的终边上取不与原点重合的任意一点 $P(x,y)$，原点到这点的距离为 $r=\sqrt{x^2+y^2}>0$(见图 1-12)，则角 α 的正弦、余弦、正切、余切、正割、余割的定义分别是：

$$\sin\alpha=\frac{y}{r};\quad \cos\alpha=\frac{x}{r};$$

$$\tan\alpha=\frac{y}{x};\quad \cot\alpha=\frac{x}{y};$$

$$\sec\alpha=\frac{r}{x};\quad \csc\alpha=\frac{r}{y}.$$

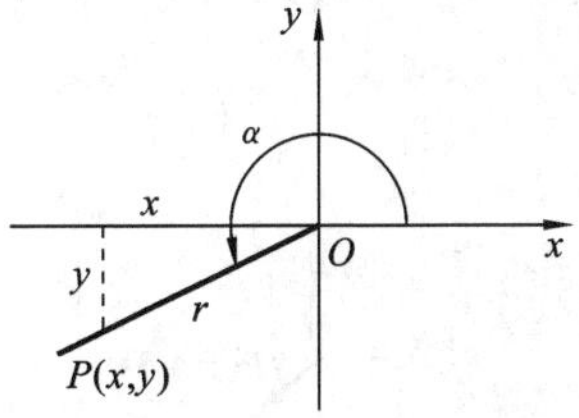

图 1-12

当角 α 的终边落在 x 轴上，即 $\alpha=k\pi(k\in\mathbf{Z})$时，终边上任意点 P 的纵坐标 $y=0$，这时 $\cot\alpha=\dfrac{x}{y}$和 $\csc\alpha=\dfrac{r}{y}$没有意义；当角 α 的终边落在 y 轴上，即 $\alpha=k\pi+\dfrac{\pi}{2}(k\in\mathbf{Z})$时，终边上任意点 P 的横坐标 $x=0$，这时 $\tan\alpha=\dfrac{y}{x}$和 $\sec\alpha=\dfrac{r}{x}$没有意义. 除去上述无意义的情况外，对于角 α 的每一个确定的值，上面的六个比值都是唯一确定的. 所以 $\sin\alpha,\cos\alpha,\tan\alpha,\cot\alpha,\sec\alpha,\csc\alpha$ 都是角 α 的函数.

我们把角 α 的正弦、余弦、正切、余切、正割、余割分别称为正弦函数、余弦函数、正切函数、余切函数、正割函数、余割函数，它们统称为三角函数.

正弦函数 $\sin\alpha$ 和余弦函数 $\cos\alpha$ 的定义域为实数集 $\mathbf{R}$；正切函数 $\tan\alpha$ 和正割函数 $\sec\alpha$ 的定义域为$\left\{\alpha\,\middle|\,\alpha\in\mathbf{R},\alpha\neq k\pi+\dfrac{\pi}{2},k\in\mathbf{Z}\right\}$，余切函数 $\cot\alpha$ 和余割函数 $\csc\alpha$ 的定

义域为$\{\alpha|\alpha\in\mathbf{R},\alpha\neq k\pi,k\in\mathbf{Z}\}$，因为$\sec\alpha=\dfrac{1}{\cos\alpha}$，$\csc\alpha=\dfrac{1}{\sin\alpha}$，即$\sec\alpha$和$\csc\alpha$可以分别用$\dfrac{1}{\cos\alpha}$和$\dfrac{1}{\sin\alpha}$来代替，所以，今后我们主要研究正弦、余弦、正切和余切四个函数.

例 1 已知角α终边上一点的坐标为$P(-4,3)$，求角α的各个三角函数值.

解 如图 1-13 所示，因为$x=-4$，$y=3$，所以

$$r=\sqrt{(-4)^2+3^2}=5.$$

根据三角函数的定义，可得

$$\sin\alpha=\frac{y}{r}=\frac{3}{5},\quad \cos\alpha=\frac{x}{r}=-\frac{4}{5},$$

$$\tan\alpha=\frac{y}{x}=-\frac{3}{4},\quad \cot\alpha=\frac{x}{y}=-\frac{4}{3},$$

$$\sec\alpha=\frac{r}{x}=-\frac{5}{4},\quad \csc\alpha=\frac{r}{y}=\frac{5}{3}.$$

例 2 求角$\dfrac{7\pi}{4}$的三角函数值.

解 如图 1-14 所示，角$\dfrac{7\pi}{4}$的终边是第四象限的角平分线. 在角$\dfrac{7\pi}{4}$的终边上取一点$P(1,-1)$，因为$x=1$，$y=-1$，所以

$$r=\sqrt{1^2+(-1)^2}=\sqrt{2}.$$

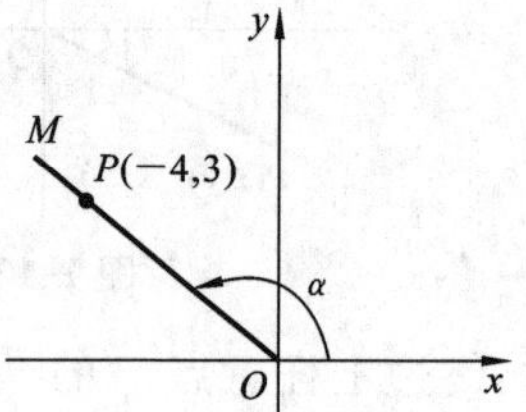

图 1-13

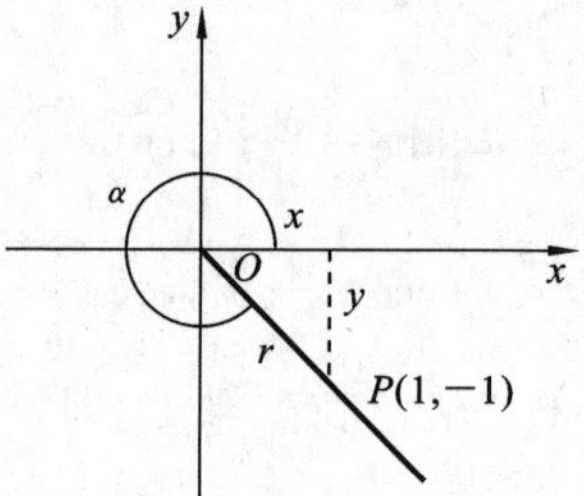

图 1-14

根据任意角三角函数的定义，可得

$$\sin\frac{7}{4}\pi=-\frac{1}{\sqrt{2}}=-\frac{\sqrt{2}}{2};\quad \cos\frac{7}{4}\pi=\frac{1}{\sqrt{2}}=\frac{\sqrt{2}}{2};$$

$$\tan\frac{7}{4}\pi=-1;\quad \cot\frac{7}{4}\pi=-1;$$

$$\sec\frac{7}{4}\pi=\sqrt{2};\quad \csc\frac{7}{4}\pi=-\sqrt{2}.$$

从任意角三角函数的定义还可以看到，与角α终边相同的角$2k\pi+\alpha(k\in\mathbf{Z})$的同

名三角函数值是相等的.

一般地,有

$$\begin{aligned}\sin(2k\pi+\alpha)&=\sin\alpha\\ \cos(2k\pi+\alpha)&=\cos\alpha\\ \tan(2k\pi+\alpha)&=\tan\alpha\\ \cot(2k\pi+\alpha)&=\cot\alpha\end{aligned}\tag{1-1}$$

其中 α 为使该三角函数有意义的任意角,$k\in\mathbf{Z}$.

例 3 求下列各三角函数的值.

(1) $\sin405°$; (2) $\cos\left(-\frac{5\pi}{3}\right)$; (3) $\tan(-660°)$.

解 (1) $\sin405°=\sin(360°+45°)=\sin45°=\frac{\sqrt{2}}{2}$;

(2) $\cos\left(-\frac{5\pi}{3}\right)=\cos\left(-2\pi+\frac{\pi}{3}\right)=\cos\frac{\pi}{3}=\frac{1}{2}$;

(3) $\tan(-660°)=\tan(-720°+60°)=\tan60°=\sqrt{3}$.

二、任意角三角函数值的符号

根据任意角三角函数的定义可以看出,在角的终边上任取一点 $P(x,y)$,其坐标 x 和 y 的符号是由终边所在的象限决定的,而 r 总为正值,所以,任意角三角函数的符号由角的终边所在的象限和三角函数名称确定.

一般说来,对于象限中的角,三角函数值的正、负分布规律如图 1-15 所示.

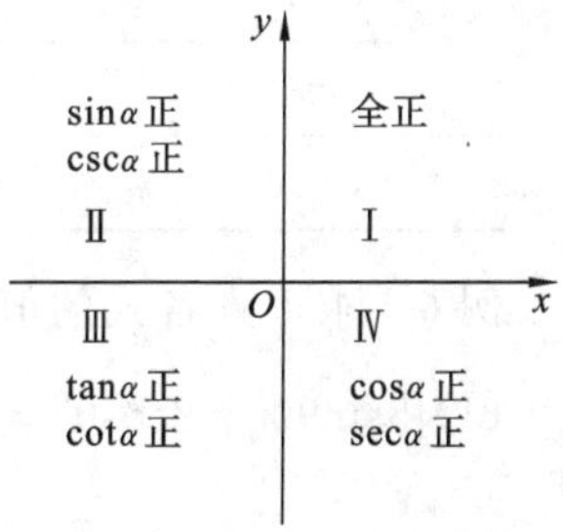

图 1-15

例 4 确定下列各三角函数值的符号:

(1) $\cos250°$; (2) $\sin\left(-\frac{\pi}{4}\right)$;

(3) $\tan(-672°10')$; (4) $\cot\left(\frac{11\pi}{3}\right)$.

解 (1) 因为 250°是第Ⅲ象限的角,所以 $\cos250°<0$;

(2) 因为$-\frac{\pi}{4}$是第Ⅳ象限的角,所以 $\sin\left(-\frac{\pi}{4}\right)<0$;

(3) 因为 $\tan(-672°10')=\tan(-2\times360°+47°50')=\tan47°50'$,而 $47°50'$是第Ⅰ象限的角,所以 $\tan(-672°10')>0$;

(4) 因为 $\cot\frac{11\pi}{3}=\cot\left(2\pi+\frac{5\pi}{3}\right)=\cot\frac{5\pi}{3}$,而$\frac{5\pi}{3}$是第Ⅳ象限的角,所以 $\cot\frac{11\pi}{3}<0$.

例 5 依照下列条件确定角 α 所在的象限：

(1) $\sin\alpha$ 和 $\cot\alpha$ 都是负值； (2) $\tan\alpha\cdot\sec\alpha<0$.

解 (1) 由 $\sin\alpha<0$ 可知 α 是第Ⅲ象限或第Ⅳ象限的角，由 $\cot\alpha<0$ 可知 α 是第Ⅱ象限或第Ⅳ象限的角. 因此，同时符合上述条件的角 α 是第Ⅳ象限的角.

(2) 由 $\tan\alpha\cdot\sec\alpha<0$ 知，$\tan\alpha$ 与 $\sec\alpha$ 异号. 若 $\begin{cases}\tan\alpha>0\\ \sec\alpha<0\end{cases}$，则 α 是第Ⅲ象限的角；若 $\begin{cases}\tan\alpha<0\\ \sec\alpha>0\end{cases}$，则 α 是第Ⅳ象限的角. 所以，若 $\tan\alpha\cdot\sec\alpha<0$，则 α 是第Ⅲ象限或第Ⅳ象限的角.

三、特殊角 0、$\frac{\pi}{2}$、π、$\frac{3\pi}{2}$ 的三角函数值

根据任意角三角函数的定义，可得 0、$\frac{\pi}{2}$、π、$\frac{3\pi}{2}$ 这些特殊角的三角函数值，结果如表 1-3 所示.

表 1-3

函数 \ 角 α	0	$\frac{\pi}{2}$	π	$\frac{3\pi}{2}$
$\sin\alpha$	0	1	0	-1
$\cos\alpha$	1	0	-1	0
$\tan\alpha$	0	不存在	0	不存在
$\cot\alpha$	不存在	0	不存在	0

例 6 求下列各式的值：

(1) $5\sin90^\circ+2\cos0^\circ-3\sin270^\circ+10\cos180^\circ-\frac{1}{2}\cot270^\circ$；

(2) $m\tan\pi+n\cos\frac{\pi}{2}-p\sin2\pi-q\cos\frac{3\pi}{2}-r\cos2\pi$.

解 (1) 原式 $=5\times1+2\times1-3\times(-1)+10\times(-1)-\frac{1}{2}\times0=0$；

(2) 原式 $=m\times0+n\times0-p\times0-q\times0-r\times1=-r$.

四、同角三角函数的基本关系式

(1) 倒数关系

$$\begin{aligned}\sin\alpha\cdot\csc\alpha&=1\\ \cos\alpha\cdot\sec\alpha&=1\\ \tan\alpha\cdot\cot\alpha&=1\end{aligned}\tag{1-2}$$

(2) 商数关系

$$\tan\alpha=\frac{\sin\alpha}{\cos\alpha}$$
$$\cot\alpha=\frac{\cos\alpha}{\sin\alpha} \tag{1-3}$$

(3) 平方关系

$$\sin^2\alpha+\cos^2\alpha=1$$
$$1+\tan^2\alpha=\sec^2\alpha \tag{1-4}$$
$$1+\cot^2\alpha=\csc^2\alpha$$

注意:(1) 上面这些关系式中的角 α 必须使公式中的各三角函数有意义;

(2) $\sin^2\alpha$ 是$(\sin\alpha)^2$ 的简写,不能将它们写成 $\sin\alpha^2$,前者是 α 的正弦的平方,后者是 α 的平方的正弦,两者所表示的意义不同;

(3) 上面关系式中的角必须是同一个角,且单位相同.

利用同角三角函数的基本关系式,可以根据一个角的某一个三角函数值,求出这个角的其它三角函数值,还可化简三角函数式,证明其它一些角的恒等式等等.

例 7 已知 $\sin\alpha=\frac{4}{5}$,α 是第Ⅱ象限角,求 α 的其它三角函数值.

解 α 是第Ⅱ象限角,则

$$\cos\alpha=-\sqrt{1-\sin^2\alpha}=-\sqrt{1-\left(\frac{4}{5}\right)^2}=-\frac{3}{5};$$

$$\tan\alpha=\frac{\sin\alpha}{\cos\alpha}=\frac{\frac{4}{5}}{-\frac{3}{5}}=-\frac{4}{3};\quad \cot\alpha=\frac{1}{\tan\alpha}=-\frac{3}{4};$$

$$\sec\alpha=\frac{1}{\cos\alpha}=\frac{1}{-\frac{3}{5}}=-\frac{5}{3};\quad \csc\alpha=\frac{1}{\sin\alpha}=\frac{1}{\frac{4}{5}}=\frac{5}{4}.$$

例 8 化简:$\sin^2\alpha\cdot\sec^2\alpha+\tan^2\alpha\cdot\cos^2\alpha+\cot^2\alpha\cdot\sin^2\alpha$.

解
$$\text{原式}=\sin^2\alpha\cdot\frac{1}{\cos^2\alpha}+\frac{\sin^2\alpha}{\cos^2\alpha}\cdot\cos^2\alpha+\frac{\cos^2\alpha}{\sin^2\alpha}\cdot\sin^2\alpha$$
$$=\tan^2\alpha+\sin^2\alpha+\cos^2\alpha=\tan^2\alpha+1=\sec^2\alpha$$

习题六

1. 已知角 α 的终边过点 $P(-3,-1)$,求角 α 的各三角函数值.
2. 确定符号:

(1) $\sin 130^\circ \cdot \cos 200^\circ$；　　(2) $\dfrac{\sin\left(-\dfrac{\pi}{4}\right)\cdot\cos\left(-\dfrac{\pi}{4}\right)}{\tan\dfrac{3}{4}\pi\cdot\cot\left(-\dfrac{3}{4}\pi\right)}$.

3. 化简：

(1) $\dfrac{2\cos^2\alpha-1}{1-2\sin^2\alpha}$；　　(2) $\sec^2\alpha-\tan^2\alpha-\sin^2\alpha$.

复习题一

1. 求定义域：

(1) $y=\dfrac{1}{\sqrt{x^2-5x+6}}$；　　(2) $y=2^{x-3}$；

(3) $y=\log_5(x^2-3x+2)$；　　(4) $y=\sqrt[3]{x+1}$.

2. 设 $I=\{1,2,3,4,5,6,7,8,9\}$，$A=\{1,2,3,4,5\}$，$B=\{1,3,5,7,9\}$. 求：

(1) $A\cup B$；　(2) $A\cap B$；　(3) $\overline{A}$；　(4) $A-B$.

3. 求 $y=\dfrac{2x+1}{x-5}$的反函数.

4. 比较大小：

(1) $2^{-1.3}$ 和 $2.5^{-1.3}$；　(2) $5^{0.2}$ 和 $5^{0.3}$；　(3) lg0.1 和 lg0.01.

5. 已知 $\cos\alpha=-\dfrac{4}{5}$，求角 α 的其它三角函数值.

6. 求证：$(\cos\alpha-1)^2+\sin^2\alpha=2-2\cos\alpha$.

第 2 章 极限与连续

高等数学的主要内容是微积分，微积分的研究对象是函数，极限方法则是研究函数的一种基本方法，极限和连续的概念是高等数学中最基本的概念，是微积分的基础，本章将在复习函数有关知识的基础上，着重介绍函数的极限和连续性.

第1节 初等函数

一、基本初等函数

常函数 $y=C$（C 为常数），幂函数 $y=x^{\alpha}$（α 为实数且 $\alpha\neq 0$），指数函数 $y=a^{x}$（$a>0,a\neq 1$），对数函数 $y=\log_{a}x$（$a>0,a\neq 1$），三角函数和反三角函数统称为基本初等函数.

对于一些常用的基本初等函数的定义域、图象和性质，前面在初等数学中已详细讲过，读者可自行查阅.

有两种函数应引起我们的注意，这就是多项式函数和有理函数.

多项式函数是由 x 和常数 $a_0,a_1,a_2,\cdots,a_n$ 经过加乘这两种运算得到的，一般形式为

$$p_n(x)=a_0+a_1x+a_2x^2+\cdots+a_nx^n \quad (a_n\neq 0),$$

其定义域为 $\mathbf{R}$，容易看出一次函数和二次函数都是多项式函数的特例.

用两个多项式的商表示的函数称为有理函数. 例如，$y=\dfrac{1}{x+1}$，$y=\dfrac{2x+1}{x^2+1}$等. 这两种函数虽然不是基本初等函数，但在今后的学习中我们会经常用到它们.

二、复合函数

在实际问题中，我们常常会遇到几个较简单的函数组合成为较复杂的函数，例如，函数 $y=\sin^2 x(x\in\mathbf{R})$可通过把 $u=\sin x$ 代入 $y=u^2$ 而得到.

又如，单摆的振动周期 T 是摆长 l 的函数：$T=2\pi\sqrt{\dfrac{l}{g}}$，其中 g 是重力加速度，摆长 l 又是温度 τ 的函数：$l=l_0(1+2\tau)$，其中 l_0 是摆长在 0 ℃时的长度，因此，要考察

单摆周期 T 随温度 τ 的变化规律，就要将后式代入前式得

$$T=2\pi\sqrt{\frac{l_0(1+2\tau)}{g}}.$$

对于允许范围内的每一个 τ，通过变量 l，都有确定的 T 和它对应.

这种由简单函数组合成较复杂函数的例子，在应用上出现很多.

定义 设 y 是 u 的函数，$y=f(u)$，而 u 又是 x 的函数，$u=\varphi(x)$，如果 $\varphi(x)$ 的函数值的全部或部分使 $y=f(u)$ 有定义，那么 y 通过 u 也是 x 的函数，称 y 为 x 的复合函数，u 称为中间变量，记作：$y=f[\varphi(x)]$.

这种由已知的函数组合成复合函数的过程，称为复合运算.

例 1 将 y 写成 x 的复合函数并求定义域.

(1) $y=\sqrt{u}, u=1+x^2$；　　(2) $y=\lg u, u=1-x$.

解 (1) 把 $u=1+x^2$ 代入 $y=\sqrt{u}$ 中，得复合函数

$$y=\sqrt{1+x^2},$$

它的定义域与 $u=1+x^2$ 一样，都是 $x\in\mathbf{R}$.

(2) $y=\lg u$ 和 $u=1-x$ 的复合函数为 $y=\lg(1-x)$，它的定义域是 $(-\infty,1)$，只是 $u=1-x$ 的定义域 $\mathbf{R}$ 的一部分.

从上面的例子不难看出，复合函数 $y=f[\varphi(x)]$ 的定义域与函数 $u=\varphi(x)$ 的定义域不一定相同，有时只是 $u=\varphi(x)$ 的定义域的一部分.

注意：并不是任意两个函数都可以复合成一个复合函数. 例如，$y=\arcsin u$ 与 $u=2+x^2$ 就不能复合成一个复合函数，这是因为 $y=\arcsin u$ 的定义域为 $[-1,1]$，而 $u=2+x^2$ 的值域为 $[2,+\infty)$，所以任何 u 值都不能使 $y=\arcsin u$ 有意义.

复合函数也可以由两个以上的函数经过复合运算而构成. 例如，设 $y=u^2, u=\sin v, v=\sqrt{w}, w=1-x^2$，则 $y=\sin^2\sqrt{1-x^2}$，这里的 u,v,w 都是中间变量，又如 $y=\ln u, u=\sin v, v=2x$ 构成复合函数 $y=\ln\sin 2x$.

以上几例都是把几个基本初等函数复合成一个较复杂的函数，在实际应用中，我们常常需要将一个较复杂的函数分解成若干个基本初等函数（或简单函数），通过对简单函数的研究可以了解到复合函数的属性.

例 2 指出下列各函数的复合过程：

(1) $y=2^{\sin(x+2)}$；　　(2) $y=\left(\dfrac{x}{1+x}\right)^2$.

解 (1) 是由 $y=2^u, u=\sin v, v=x+2$ 复合而成.

(2) 是由 $y=u^2, u=\dfrac{x}{1+x}$ 复合而成.

对复合函数的分解，要求分解出的每一个函数都是基本初等函数或多项式函数、有理函数，待我们学到复合函数的求导运算时，就会明白这样做的道理.

三、初等函数

定义 由基本初等函数和常数经过有限次四则运算和有限次复合运算所构成的，并且只用一个式子表示的函数，称为初等函数.

例如，$y=a^{x^2}$，$y=1+\sin\dfrac{x}{2}$，$y=2a^x$，$y=x\lg x$ 以及前面提到的多项式函数、有理函数等都是初等函数.

有时一个函数要用几个式子表示，如：

$$y=f(x)=\begin{cases}2\sqrt{x}, & 0\leqslant x\leqslant 1\\ 1+x, & x>1\end{cases}.$$

这种在自变量的不同变化范围中，对应法则用不同式子来表示的函数称为分段函数.

注意：

(1) 分段函数是一个函数.

(2) 分段函数一般不是初等函数，但有的分段函数是初等函数. 例如：

$$f(x)=\begin{cases}x, & x\geqslant 0\\ -x, & x<0\end{cases},$$

也可以写为

$$f(x)=|x|,$$

所以它既是分段函数，又是初等函数.

在微积分学中，我们所讨论的函数绝大多数是初等函数.

弄清初等函数的结构，是我们今后求初等函数导数的关键.

四、建立函数关系举例

在解决实际问题时，通常要先建立问题中的函数关系，然后进行分析和计算，下面举一些简单的实际问题，说明建立函数关系的过程.

例 3 设有容积为 10 立方米的无盖圆柱形桶，其底用铜制，侧壁用铁制. 已知铜价为铁价的 5 倍，试建立做此桶所需费用与桶的底面半径 r 之间的函数关系.

解 设所需总费用为 y，桶高为 h，铁单价为 k 元/平方米，则铜单价为 $5k$ 元/平方米，依题意，做此桶所需费用为底面积的费用与侧面积上的费用之和，即

$$y=\pi r^2\times 5k+2\pi rh\times k, \qquad ①$$

又已知圆桶的容积为 10，即 $\pi r^2h=10$，则

$$h=\frac{10}{\pi r^2}, \qquad ②$$

将式②代入式①即得所需费用 y 与底半径 r 之间的函数关系式为

$$y=\pi r^2\times 5k+2\pi r\frac{10}{\pi r^2}k=5k\left(\pi r^2+\frac{4}{r}\right),\quad r\in(0,+\infty).$$

例 4　如图 2-1 所示，已知一物体与地面的摩擦系数是 μ，质量是 m，设有一个和水平方向成 α 角的拉力 F，使物体从静止开始移动，试建立物体开始移动时，拉力 F 与 α 之间的函数关系式.

解　由物理学知，当水平拉力与摩擦力平衡时，物体开始移动，而摩擦力与物体对地面的正压力 $mg-F\sin\alpha$（g 为重力加速度）成正比，故有

$$F\cos\alpha=\mu(mg-F\sin\alpha)$$

即

$$F=\frac{\mu mg}{\cos\alpha+\mu\sin\alpha},\quad \alpha\in\left[0,\frac{\pi}{2}\right).$$

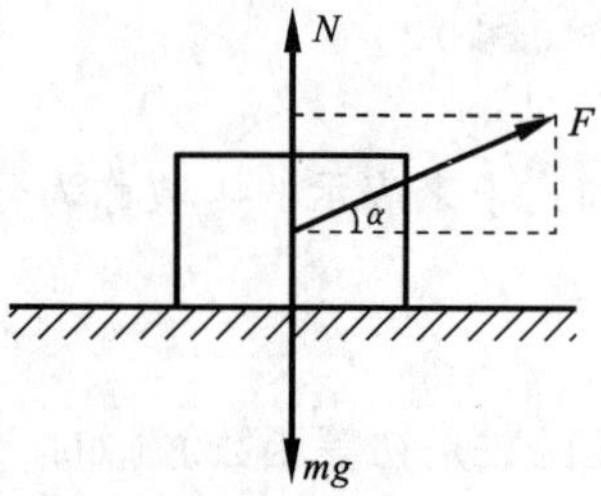

图 2-1

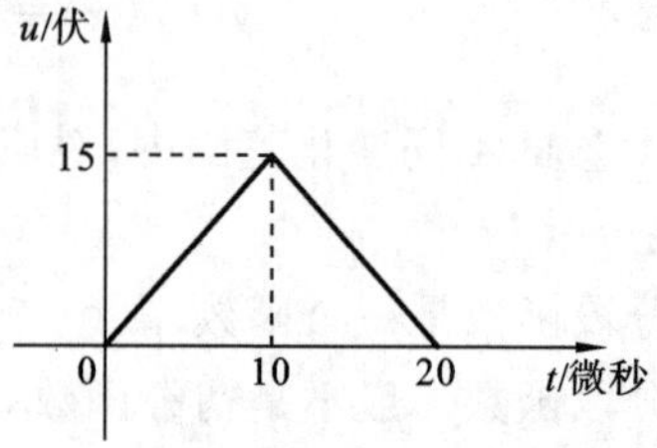

图 2-2

例 5　电脉冲发生器发出一个三角波，其波形如图 2-2 所示，试写出电压 u（伏）和时间 t（微秒）的函数关系式 $u=u(t)\,(0\leqslant t\leqslant 20)$.

解　由图象可以看出电压 u 随时间 t 变化的规律在前一段时间 $[0,10]$ 和后一段时间 $(10,20]$ 不同，因此要分别讨论：

当 $0\leqslant t\leqslant 10$，函数图象是连接原点 $(0,0)$ 和点 $(10,15)$ 的直线段，由直线的点斜式可得

$$u=1.5t,\quad 0\leqslant t\leqslant 10.$$

当 $10<t\leqslant 20$ 时，函数的图象为连接点 $(10,15)$ 和点 $(20,0)$ 的直线段，由直线的两点式可得

$$\frac{u-0}{t-20}=\frac{15-0}{10-20},$$

即

$$u=-1.5(t-20),\quad 10<t\leqslant 20.$$

归纳上述讨论结果，函数 $u=u(t)$ 写成下面的形式

$$u=\begin{cases}1.5t, & 0\leqslant t\leqslant 10\\ -1.5(t-20), & 10<t\leqslant 20\end{cases}.$$

由于实际问题的多样性，建立函数关系式是一个比较灵活的问题，无定法可循，必须对具体问题作具体分析，分清实际问题中的常量、变量，并确定其中一个变量为自变量，然后根据问题所给出的相关知识，列出函数关系式，并写出函数的定义域.

习题一

1. 任意给出几个基本初等函数及多项式函数都可以复合成复合函数吗？为什么？

2. 把下列各组函数复合成复合函数：

（1）$y=\sqrt{u}, u=x^3+1$；　　（2）$y=\ln u, u=2v, v=\sin x$.

3. 指出下列各复合函数的复合过程：

（1）$y=2^{\sin x}$；　　（2）$y=\lg\tan x$；

（3）$y=\cos\sqrt{1+2x}$；　　（4）$y=(a+x)^{20}$；

（5）$y=\sin^2\dfrac{1}{1+x}$；　　（6）$y=[\arcsin(x^2-1)]^2$.

4. 边长分别为 a 和 b 的矩形铁皮在四角各剪去一个同样大小的正方形，然后将四边形折成一个无盖的长方形盒子，求盒子的容积与截去的小正方形边长间的函数关系式.

5. 漏斗形量杯上要刻上表示容积的刻度，就要知道溶液深度与相应的液体体积之间的函数关系式，现已知漏斗顶角为 30°（见图 2-3），求容积与深度之间的函数关系式.

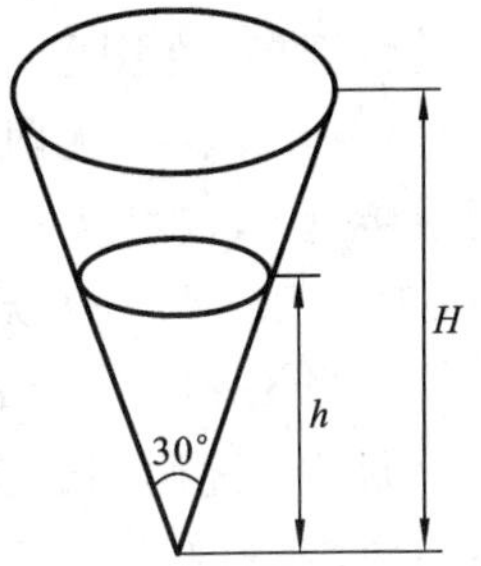

图 2-3

第 2 节　函数的极限

我们研究物体的运动，仅仅知道有关的函数在变化过程中单个的取值情况是不够的，还需要弄清函数总的变化趋势，函数极限的概念就是从函数变化趋势的直观形象中抽象出来的.

下面我们通过实例来观察在自变量的变化过程中，函数的变化趋势，并给出极限的定义.

一、引例

引例 1　求半径为 R 的圆的面积.

为了计算圆的面积 S，先来计算圆内接正 n 边形的面积 S_n，如图 2-4 所示.

连接圆心和正 n 边形的各顶点，分正 n 边形为 n 个全等的等腰三角形，这些三角形的腰等于圆的半径 R，顶角为 $\dfrac{2\pi}{n}$，则每个三角形的面积为

$$\frac{1}{2}R\cdot R\sin\frac{2\pi}{n}=\frac{R^2}{2}\sin\frac{2\pi}{n},$$

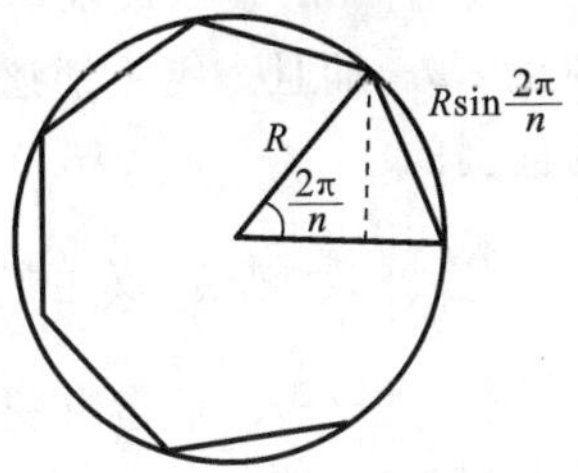

图 2-4

所以
$$S_n=\frac{nR^2}{2}\sin\frac{2\pi}{n}\quad (n\in\mathbf{N},且\ n\geqslant 3).$$

这是一个以边数 n 为自变量的函数，S_n 随 n 的改变而改变.

显然，n 越大时，S_n 与 S 的差别越小，即正多边形的边数 n 越大，则函数 S_n 的值就越接近于圆的面积 S；当 n 无限增大(用 $n\to\infty$ 表示)时，S_n 就无限接近于 S(用 $S_n\to S$ 表示，符号"$\to$"表示无限接近).

这一过程用数学语言来说就是：当 n 趋于无穷大时，函数 S_n 无限接近于 S. 即当 $n\to\infty$ 时，$S_n\to S$.

引例 2 在图象上考察 $f(x)=x+1$，当 $x\to 1$ 时的变化趋势.

$x\to 1$ 表示 x 无限接近 1，即 x 既可沿 x 轴从左边无限接近 1，也可从右边无限接近 1. 由图 2-5 知，当 $x\to 1$ 时，$f(x)=x+1$ 无限接近 2.

即当 $x\to 1$ 时，$f(x)=x+1\to 2$.

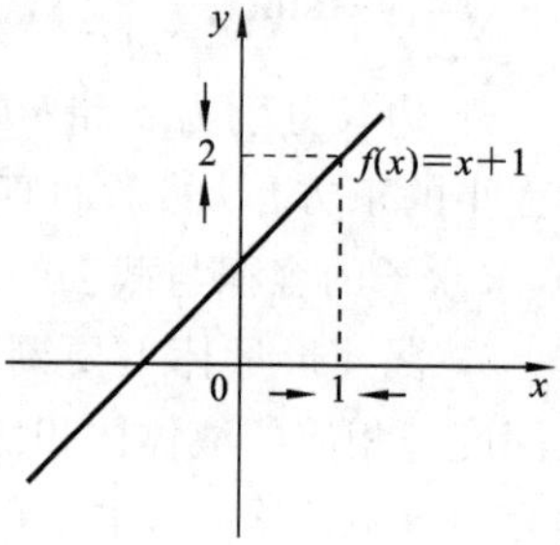

图 2-5

抛开上述两例的实际意义，可以发现，它们都是考察在自变量的某种变化过程中，函数的值无限地接近于某常量.

为了刻画函数的这种变化趋势(在自变量的变化过程中，无限趋近于某个常数)，引入极限的定义.

二、极限的定义

定义 在自变量 $x\to x_0$($x\to\infty$)的变化过程中，若函数 $y=f(x)$ 的值无限地接近于某一个确定的常数 A，就称 A 是函数 $f(x)$ 当 $x\to x_0$($x\to\infty$)时的极限，并记为
$$\lim_{x\to x_0}f(x)=A\quad 或\quad \lim_{x\to\infty}f(x)=A.$$
或当 $x\to x_0$ 时，$f(x)\to A$(当 $x\to\infty$ 时，$f(x)\to A$).

用极限表示引例 1、引例 2，则
$$\lim_{n\to\infty}S_n=S,\quad \lim_{x\to 1}f(x)=2.$$

极限记法的说明：

符号"lim"表示极限，$f(x)$ 是函数表达式，$x\to x_0$(或 $x\to\infty$)要书写在符号"lim"的正下方，而且一定不能遗漏，因为我们研究函数的变化趋势是以自变量的变化趋势为前提的.

三、极限定义的几点说明

(1) "$x\to x_0$"是指自变量 x 无限地趋近于 x_0，但 x 可以不等于 x_0，因为我们考虑的是当 $x\to x_0$ 时，$f(x)$ 的变化趋势，而不是 $f(x)$ 在点 x_0 处的情况，所以 $f(x)$ 在点 x_0 有无定义并不重要.

如函数 $f(x)=\frac{(x+1)x}{x}$ 在 $x=0$ 处无定义，但 $\lim\limits_{x\to0}\frac{(x+1)x}{x}=1$.

(2) “$x\to\infty$”是指 x 的绝对值无限增大，包括两种情况：① x 沿 x 轴正向无限增大，记为 $x\to+\infty$，② x 沿 x 轴负向无限增大，记为 $x\to-\infty$. 即 $x\to\infty\Leftrightarrow|x|\to+\infty$，也就是说，$x$ 可以朝正的方向($x\to+\infty$)，也可以朝负的方向($x\to-\infty$)无限变化下去.

(3) 当自变量 x 趋于 x_0，x 本身就是以 x_0 为极限，即 $\lim\limits_{x\to x_0}x=x_0$.

特殊地，对任意常数 C，恒有 $\lim\limits_{x\to x_0}C=C$ 且 $\lim\limits_{x\to\infty}C=C$.

(4) 并非任何函数都有极限(与自变量的变化过程有关).

如 $\lim\limits_{x\to\infty}2^x$ 不存在. 如图 2-6 所示.

$\lim\limits_{x\to\infty}\sin x$ 不存在，而 $\lim\limits_{x\to0}\sin x=0$.

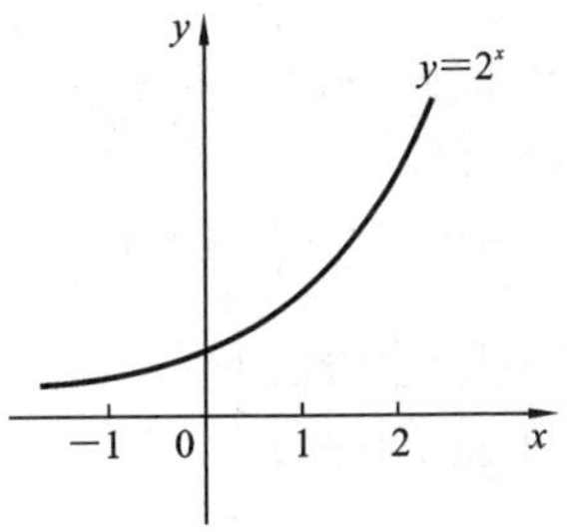

图 2-6

(5) 数列的极限.

数列 $\{a_n\}$ 可以看成为以自然数 n 为自变量的函数，即

$$f(n)=a_n\quad(n\in\mathbf{N}).$$

若当 $n\to+\infty$ 时，数列 a_n 无限接近于一个确定常数 A，则称常数 A 为数列的极限，记为

$$\lim_{n\to\infty}a_n=A\quad(n\to\infty\text{时},a_n\to A).$$

例 1　“一尺之棰，日取其半，万世不竭”. 如何用极限来理解这句话?

解　设木棒第 n 天剩余量为 a_n，依题意，a_n 随 n 增加而变化，因此是关于自然数 n(天数)的一个数列，即：$\frac{1}{2},\frac{1}{4},\frac{1}{8},\cdots,\frac{1}{2^n},\cdots$，若表示在数轴上，则如图 2-7 所示.

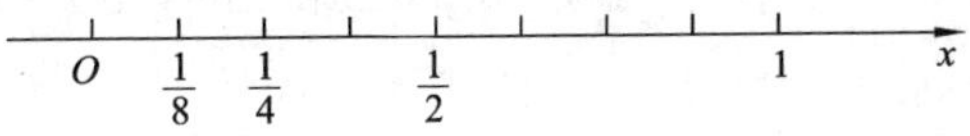

图 2-7

显然，当 $n\to\infty$ 时，$a_n=\frac{1}{2^n}\to0$，即

$$\lim_{n\to\infty}a_n=\lim_{n\to\infty}\frac{1}{2^n}=0.$$

所以，用极限来理解这句话就是，一尺长的木棒，每天去掉一半后，虽然木棒的长度可以变得无限地小，却永远也不会变得没有了.

例 2　讨论当 $n\to\infty$ 时，数列 $a_n=\frac{n-1}{n+1}$ 的极限.

解 数列 $a_n=\frac{n-1}{n+1}$ 的各项依次为 $0,\frac{1}{3},\frac{1}{2},\frac{3}{5},\cdots,\frac{n-1}{n+1},\cdots$. 把数列 a_n 的前几项在数轴上表示出来,如图 2-8 所示.

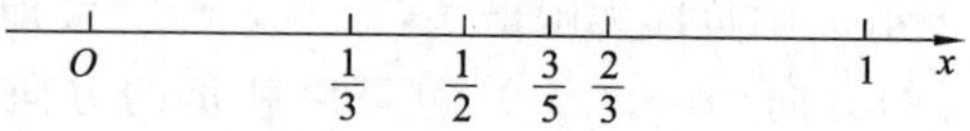

图 2-8

因此 $\lim\limits_{n\to\infty}a_n=\lim\limits_{n\to\infty}\frac{n-1}{n+1}=1$.

四、左极限和右极限

我们已经知道,"$x\to x_0$"表示 x 沿 x 轴的两个方向趋近于 x_0,如果 x 只从左边趋近于 x_0,则记为 $x\to x_0^-$;如果 x 只从右边趋近于 x_0,则记为 $x\to x_0^+$,如图 2-9 所示.

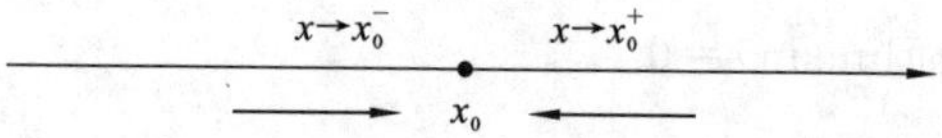

图 2-9

如果 $x\to x_0^-$ 时,$f(x)$有极限 A,则称 A 为函数 $f(x)$的左极限,记为

$$\lim_{x\to x_0^-}f(x)=A.$$

如果 $x\to x_0^+$ 时,$f(x)$有极限 A,则称 A 为函数 $f(x)$的右极限,记为

$$\lim_{x\to x_0^+}f(x)=A.$$

定理 $\lim\limits_{x\to x_0}f(x)=A$ 的充分必要条件是

$$\lim_{x\to x_0^+}f(x)=\lim_{x\to x_0^-}f(x)=A.$$

也就是说,要使 $\lim\limits_{x\to x_0}f(x)$存在,必须 $\lim\limits_{x\to x_0^+}f(x)$和 $\lim\limits_{x\to x_0^-}f(x)$都存在且相等.

例 3 考察函数 $f(x)=\begin{cases}x-1, & x\leqslant 0\\ x+1, & x>0\end{cases}$,当 $x\to 0$ 时的极限.

解 $\lim\limits_{x\to 0^-}f(x)=\lim\limits_{x\to 0^-}(x-1)=-1$,

$\lim\limits_{x\to 0^+}f(x)=\lim\limits_{x\to 0^+}(x+1)=1$,

$\lim\limits_{x\to 0^-}f(x)\neq\lim\limits_{x\to 0^+}f(x)$,

因此,$\lim\limits_{x\to 0}f(x)$不存在.

习题二

1. 观察并求极限:

(1) $\lim\limits_{x\to+\infty}\left(\dfrac{1}{10^x}\right)$； (2) $\lim\limits_{x\to-\infty}10^x$； (3) $\lim\limits_{x\to\frac{\pi}{4}}\tan x$.

2. 设函数 $f(x)=\dfrac{x^2}{x}$，画出它的图象，并观察当 $x\to0$ 时，函数的左右极限，从而说明在 $x\to0$ 时，$f(x)$的极限是否存在.

3. 讨论当 $x\to\infty$时，函数 $y=\arctan x$ 的极限.

4. 已知 $f(x)=\begin{cases}x+3, & x<1\\ 2x-1, & x\geqslant1\end{cases}$，讨论在 $x=1$ 处 $f(x)$是否存在极限.

第3节　极限的四则运算法则

根据极限的定义来求函数的极限不仅复杂，有时甚至是求不出来的. 本节主要讨论极限的求法，先建立极限的四则运算法则，利用这些法则，可以求某些函数的极限，以后我们还将介绍求极限的其它方法.

极限的四则运算法则如下：

设 $\lim\limits_{x\to x_0}f(x)=A$，$\lim\limits_{x\to x_0}g(x)=B$，则：

(1) $\lim\limits_{x\to x_0}[f(x)\pm g(x)]=\lim\limits_{x\to x_0}f(x)\pm\lim\limits_{x\to x_0}g(x)=A\pm B$；

(2) $\lim\limits_{x\to x_0}[Cf(x)]=C\lim\limits_{x\to x_0}f(x)=CA$ (C 为常数)；

(3) $\lim\limits_{x\to x_0}[f(x)g(x)]=\lim\limits_{x\to x_0}f(x)\cdot\lim\limits_{x\to x_0}g(x)=A\cdot B$；

(4) $\lim\limits_{x\to x_0}\dfrac{f(x)}{g(x)}=\dfrac{\lim\limits_{x\to x_0}f(x)}{\lim\limits_{x\to x_0}g(x)}=\dfrac{A}{B}\quad(B\neq0)$.

从上面的运算法则可以看出：具有极限的两个函数的加、减、乘、除的极限等于这两个函数的极限的加、减、乘、除，也就是说，当极限的运算与四则运算结合起来进行时，可以变换运算顺序.

上述极限运算法则对于 $x\to\infty$时的情形也是成立的，而且法则(1)和(3)还可以推广到有限个具有极限的函数的情形.

下面用极限的四则运算法则来求极限.

例 1　求 $\lim\limits_{x\to1}(x+3)$.

解　$\lim\limits_{x\to1}(x+3)=\lim\limits_{x\to1}x+\lim\limits_{x\to1}3=1+3=4$.

例 2　求 $\lim\limits_{x\to x_0}(cx+b)$，其中 c、b 为常数.

解　$\lim\limits_{x\to x_0}(cx+b)=\lim\limits_{x\to x_0}(cx)+\lim\limits_{x\to x_0}b=c\lim\limits_{x\to x_0}x+\lim\limits_{x\to x_0}b=cx_0+b$.

例 3　求 $\lim\limits_{x\to x_0}x^2$.

解　$\lim\limits_{x\to x_0}x^2=\lim\limits_{x\to x_0}x\cdot\lim\limits_{x\to x_0}x=(\lim\limits_{x\to x_0}x)^2=x_0^2$

一般地，当 $x\in\mathbf{Z}^+$ 时，有 $\lim\limits_{x\to x_0}x^n=(\lim\limits_{x\to x_0}x)^n=x_0^n$.

例 4　求 $\lim\limits_{x\to 3}\dfrac{2x^2+x+2}{x^2-2}$.

解
$$\lim_{x\to 3}\frac{2x^2+x+2}{x^2-2}=\frac{\lim\limits_{x\to 3}(2x^2+x+2)}{\lim\limits_{x\to 3}(x^2-2)}=\frac{23}{7}.$$

例 5　求 $\lim\limits_{x\to 3}\dfrac{x^2-9}{x-3}$.

解　当 $x\to 3$ 时，分母的极限为 0，这时不能直接应用商的运算法则，但在 $x\to 3$ 的过程中，由于 $x\neq 3$，即 $x-3\neq 0$，而分子分母有公因子 $x-3$，因而在分式中可以约去不为 0 的公因子，然后再取极限. 即
$$\lim_{x\to 3}\frac{x^2-9}{x-3}=\lim_{x\to 3}(x+3)=6.$$

例 6　求 $\lim\limits_{n\to\infty}\dfrac{(n+2)(2n-1)}{n^2}$.

解　当 $n\to\infty$ 时，分子、分母均无限增大，即极限都不存在，这时不能直接用商的极限运算法则，但是由于
$$\frac{(n+2)(2n-1)}{n^2}=\frac{n+2}{n}\cdot\frac{2n-1}{n}=\left(1+\frac{2}{n}\right)\left(2-\frac{1}{n}\right),$$
所以
$$\lim_{n\to\infty}\frac{(n+2)(2n-1)}{n^2}=\lim_{n\to\infty}\left(1+\frac{2}{n}\right)\left(2-\frac{1}{n}\right)=\lim_{n\to\infty}\left(1+\frac{2}{n}\right)\lim_{n\to\infty}\left(2-\frac{1}{n}\right)=2.$$

例 7　求极限 $\lim\limits_{x\to 2}\left(\dfrac{1}{x-2}-\dfrac{4}{x^2-4}\right)$.

解　当 $x\to 2$ 时，$\dfrac{1}{x-2}$ 与 $\dfrac{4}{x^2-4}$ 的极限都不存在，不能直接用减法的极限运算法则，对这样的极限问题，一般可以先通分，再求极限. 即
$$\lim_{x\to 2}\left(\frac{1}{x-2}-\frac{4}{x^2-4}\right)=\lim_{x\to 2}\frac{x+2-4}{x^2-4}=\lim_{x\to 2}\frac{1}{x+2}=\frac{1}{4}.$$

例 8　求 $\lim\limits_{x\to 0}\dfrac{\sqrt{x+1}-1}{x}$.

解　对于这种不能直接应用极限运算法则的含有根式的极限问题，通常是先进行分子(或分母)有理化，再求极限. 即
$$\lim_{x\to 0}\frac{\sqrt{x+1}-1}{x}=\lim_{x\to 0}\frac{x+1-1}{x(\sqrt{x+1}+1)}=\lim_{x\to 0}\frac{1}{\sqrt{x+1}+1}=\frac{1}{2}.$$

习题三

1. 求下列各极限：

(1) $\lim\limits_{x\to 2}(x^2-5x+3)$；

(2) $\lim\limits_{x\to 5}\dfrac{x^2-6x+5}{x-5}$；

(3) $\lim\limits_{x\to\infty}\left(2-\dfrac{1}{x}+\dfrac{1}{x^2}\right)$；

(4) $\lim\limits_{x\to 2}\left(\dfrac{1}{x-2}-\dfrac{12}{x^3-8}\right)$.

2. 求下列各极限：

(1) $\lim\limits_{n\to\infty}\left(3-\dfrac{n^2+1}{n^2}\right)$；

(2) $\lim\limits_{n\to\infty}\dfrac{1+2+\cdots+n}{n^2}$.

第4节　无穷小与无穷大

一、无穷小

在实际问题中，我们经常遇到极限为零的变量，如电容器放电时，其电压随时间的增加而逐渐减小并趋近于零；又如单摆离开铅直位置摆动时，由于空气阻力和机械摩擦力的作用，它的振幅随时间的增加而逐渐减小并趋于零.

对于这样的变量，我们把它定义为无穷小.

1. 定义

定义　如果当 $x\to x_0$（或 $x\to\infty$）时，函数 $f(x)$ 的极限为零，那么称函数 $f(x)$ 在 $x\to x_0$（或 $x\to\infty$）时是无穷小量，简称无穷小.

例如，由于 $\lim\limits_{x\to 3}(3x-9)=0$，故当 $x\to 3$ 时 $3x-9$ 为无穷小.

$\lim\limits_{x\to 0}\sin x=0$，$\lim\limits_{x\to 0}\tan x=0$，故当 $x\to 0$ 时 $\sin x$、$\tan x$ 为无穷小.

注意：

(1) 无穷小是极限为 0 的函数，因此说一个函数 $f(x)$ 是无穷小，必须指明自变量 x 的变化趋势，如函数 $y=x+5$ 当 $x\to -5$ 时是无穷小，当 $x\to 2$ 时，$x+5\to 7$. 所以 $x\to 2$ 时，$x+5$ 不是无穷小.

(2) 绝对值很小的非零常数不是无穷小，因为非零常数的极限是常数本身，并不是零（如 0.0001 或 -0.0001）.

(3) 常数中只有零可以看成是无穷小，因为常数中只有零的极限为零.

2. 性质

无穷小具有下列性质：

性质 1　有限个无穷小的代数和还是无穷小.

性质 2　有界函数和无穷小的乘积还是无穷小.

性质 3　有限个无穷小的乘积还是无穷小.

例 1　求 $\lim\limits_{x\to 0}x\sin\dfrac{1}{x}$.

解 因为$\lim\limits_{x\to 0}x=0$,所以当 $x\to 0$ 时 x 是无穷小,而$\left|\sin\dfrac{1}{x}\right|\leqslant 1$,即 $\sin\dfrac{1}{x}$是有界函数,故根据无穷小的性质 2 知,当 $x\to 0$ 时 $x\sin\dfrac{1}{x}$为无穷小,即

$$\lim_{x\to 0}x\sin\frac{1}{x}=0.$$

3. 函数极限与无穷小之间的关系

下面我们来研究极限与无穷小之间的关系.

定理 具有极限的函数等于它的极限与无穷小之和;反之,如果函数可表示为常数与无穷小之和,那么,该常数就是这函数的极限.

即 $\lim\limits_{\substack{x\to x_0\\(x\to\infty)}}f(x)=A$ 的充要条件是 $f(x)=A+\alpha$,其中 α 是当 $x\to x_0$(或 $x\to\infty$)时的无穷小.

下面就 $x\to x_0$ 的情形加以证明:

证 必要性:设$\lim\limits_{x\to x_0}f(x)=A$,令 $\alpha=f(x)-A$,则

$$\lim_{x\to x_0}\alpha=\lim_{x\to x_0}[f(x)-A]=\lim_{x\to x_0}f(x)-\lim_{x\to x_0}A=A-A=0.$$

这就是说,α 是当 $x\to x_0$ 时的无穷小,由于 $\alpha=f(x)-A$,所以

$$f(x)=A+\alpha$$

充分性:设 $f(x)=A+\alpha$,其中 A 为常数,α 是当 $x\to x_0$ 时的无穷小,则

$$\lim_{x\to x_0}f(x)=\lim_{x\to x_0}(A+\alpha)=A.$$

类似地,可以证明当 $x\to\infty$时的情形.

二、无穷大

1. 定义

定义 如果当 $x\to x_0$(或 $x\to\infty$)时,函数 $f(x)$的绝对值无限增大,那么,称函数 $f(x)$在 $x\to x_0$(或 $x\to\infty$)时是无穷大量,简称无穷大.

按通常的意义来说,如果函数 $f(x)$当 $x\to x_0$(或 $x\to\infty$)时为无穷大,那么它的极限是不存在的,但为了便于描述函数的这种变化趋势,我们也说"函数的极限是无穷大",并记为

$$\lim_{\substack{x\to x_0\\(x\to\infty)}}f(x)=\infty.$$

在无穷大的定义中,如果对于 x_0 左右近旁的 x(或对于绝对值相当大的 x),对应的函数值都是无限增大的,就分别记为

$$\lim_{\substack{x\to x_0\\(x\to\infty)}}f(x)=+\infty \quad 和 \quad \lim_{\substack{x\to x_0\\(x\to\infty)}}f(x)=-\infty.$$

例如，函数 $y=\frac{1}{x}$ 当 $x\to 0$ 时是无穷大，可记为

$$\lim_{x\to 0}\frac{1}{x}=\infty.$$

如图 2-10 所示，当 $x\to 0^+$ 时，$\frac{1}{x}\to+\infty$，即右极限为 $\lim\limits_{x\to 0^+}\frac{1}{x}=+\infty$，而左极限为 $\lim\limits_{x\to 0^-}\frac{1}{x}=-\infty$.

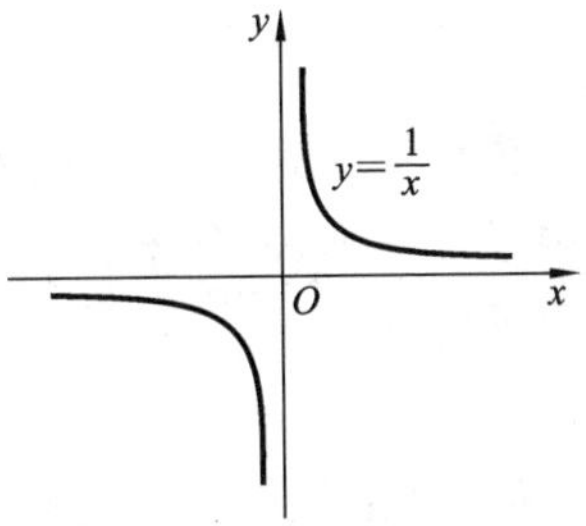

图 2-10

因此，当 $x\to 0$ 时，$\left|\frac{1}{x}\right|$ 无限增大，即 $\lim\limits_{x\to 0}\frac{1}{x}=\infty$，“$\infty$”前不冠以正负号.

又如 $\lim\limits_{x\to+\infty}\log_2 x=\infty$，$\lim\limits_{x\to+\infty}\log_{\frac{1}{2}} x=\infty$.

注意：

(1) 如果一个函数 $f(x)$ 是无穷大，必须指明 x 的变化趋势，如函数 $\log_2 x$ 是当 $x\to+\infty$ 时的无穷大，当 $x\to 1$ 时，它就不是无穷大，而是无穷小了.

(2) 绝对值很大的常数不是无穷大，因为常数的极限就是常数本身.

2. 无穷大与无穷小的关系

无穷大与无穷小之间是倒数关系.

定理　在自变量的同一变化过程中，如果 $f(x)$ 为无穷大，则 $\frac{1}{f(x)}$ 是无穷小；反之，如果 $f(x)$ 是无穷小，且 $f(x)\neq 0$，则 $\frac{1}{f(x)}$ 是无穷大.

例如，当 $x\to\infty$ 时，$\frac{1}{x}$ 为无穷小，而 x 为无穷大.

无穷大与无穷小的倒数关系为我们求极限提供了新的方法. 下面我们利用无穷大和无穷小的关系来求一些函数的极限.

例 2　求 $\lim\limits_{x\to 2}\frac{x+1}{x^2-4}$.

分析　当 $x\to 2$ 时，分母的极限为 0，不能直接应用商的极限运算法则，而分子的极限不为 0，故可将分了、分母的位置对换，成为 $\frac{x^2-4}{x+1}$，此时分母极限不为 0，可用商的极限运算法则.

解　$\lim\limits_{x\to 2}\frac{x^2-4}{x+1}=\frac{\lim\limits_{x\to 2}(x^2-4)}{\lim\limits_{x\to 2}(x+1)}=0$

所以根据无穷小的倒数为无穷大，得

$$\lim_{x\to 2}\frac{x+1}{x^2-4}=\infty.$$

例 3　求$\lim\limits_{x\to\infty}\dfrac{3x^3-2x-1}{2x^3-x^2+5}$.

分析　因为分子、分母都不满足每一项的极限都存在的条件，所以不能直接应用极限运算法则，但分子、分母同除以 x^3 后，每一项的极限都存在，且可以保证分母的极限不为 0.

解　$\lim\limits_{x\to\infty}\dfrac{3x^3-2x-1}{2x^3-x^2+5}=\lim\limits_{x\to\infty}\dfrac{3-\dfrac{2}{x^2}-\dfrac{1}{x^3}}{2-\dfrac{1}{x}+\dfrac{5}{x^3}}=\dfrac{\lim\limits_{x\to\infty}3-\lim\limits_{x\to\infty}\dfrac{2}{x^2}-\lim\limits_{x\to\infty}\dfrac{1}{x^3}}{\lim\limits_{x\to\infty}2-\lim\limits_{x\to\infty}\dfrac{1}{x}+\lim\limits_{x\to\infty}\dfrac{5}{x^3}}=\dfrac{3-0-0}{2-0+0}=\dfrac{3}{2}$.

例 4　求$\lim\limits_{x\to\infty}\dfrac{2x^3+x-1}{5x^3-4x^2+3}$.

解　分子、分母同除以 x^3，然后再取极限，得

$$\lim_{x\to\infty}\frac{2x^2+x-1}{5x^3-4x^2+3}=\lim_{x\to\infty}\frac{\dfrac{2}{x}+\dfrac{1}{x^2}-\dfrac{1}{x^3}}{5-\dfrac{4}{x}+\dfrac{3}{x^3}}=\frac{0+0-0}{5-0+0}=0.$$

例 5　求$\lim\limits_{x\to\infty}\dfrac{3x^5-2x^3+1}{4x^2+5x-6}$.

分析　由于分子的幂次高于分母的幂次，若分子分母同除以 x^5，则分母的极限为 0；若同除以 x^2，则分子中有两项为无穷大，故不能运用极限的运算法则，但可以考虑先求函数的倒数的极限.

解　因为　$\lim\limits_{x\to\infty}\dfrac{4x^2+5x-6}{3x^5-2x^3+1}=\lim\limits_{x\to\infty}\dfrac{\dfrac{4}{x^3}+\dfrac{5}{x^4}-\dfrac{6}{x^5}}{3-\dfrac{2}{x^2}+\dfrac{1}{x^5}}=\dfrac{0+0-0}{3-0+0}=0$,

根据无穷小的倒数为无穷大，得

$$\lim_{x\to\infty}\frac{3x^5-2x^3+1}{4x^2+5x-6}=\infty.$$

例 3、例 4、例 5 所采用的方法，称做无穷小量分离法，其应用原则是：

(1) $f(x)$为有理函数；

(2) 自变量的变化趋势是 $x\to\infty$；

(3) 若自变量 x 的最高次幂在分母中，则分子、分母同除以 x 的最高次幂，若 x 的最高次幂在分子中，则先求倒数的极限，再利用无穷大与无穷小的关系，得出该函数的极限.

三、无穷小的比较

由无穷小的性质知道，两个无穷小的代数和及乘积仍为无穷小，但是两个无穷小的商就会出现不同的情况. 例如，当 $x\to0$ 时，x，$3x$，x^2 都是无穷小，但它们的商的极

限$\lim\limits_{x\to 0}\dfrac{x^2}{x}=0$，$\lim\limits_{x\to 0}\dfrac{x}{x^2}=\infty$，$\lim\limits_{x\to 0}\dfrac{x}{3x}=\dfrac{1}{3}$却各不相同，这些极限反映了不同的无穷小趋近于 0 时的快慢程度.

例如，从表 2-1 可以看出，当 $x\to 0$ 时，x^2 比 x 更快地趋向零，反过来 x 比 x^2 较慢地趋向零，而 x 和 $3x$ 趋向零的快慢相仿.

表 2-1

x	1	0.5	0.1	0.01	…	→	0
$3x$	3	1.5	0.3	0.03	…	→	0
x^2	1	0.25	0.01	0.0001	…	→	0

另一方面，在许多实际问题中又需要研究两个无穷小之比. 例如，研究物体运动的瞬时速度、电流强度、化学物质的分解速度、人口的增长速度等，都需要考虑这个问题.

为了比较无穷小趋于零的速度快慢，引入下面的定义.

定义　设 α 和 β 是同一个自变量在同一变化过程中的无穷小，

(1) 如果 $\lim\dfrac{\beta}{\alpha}=0$，则称 β 是比 α 较高阶的无穷小；

(2) 如果 $\lim\dfrac{\beta}{\alpha}=\infty$，则称 β 是比 α 较低阶的无穷小；

(3) 如果 $\lim\dfrac{\beta}{\alpha}=c$（$c$ 为非零常数），则称 β 和 α 是同阶无穷小；

(4) 如果 $\lim\dfrac{\beta}{\alpha}=1$，则称 β 和 α 是等价无穷小，记为 $\alpha\sim\beta$.

显然，等价无穷小是同阶无穷小的特例，即 $c=1$ 的情形.

以上定义对于数列的极限也同样适用.

根据以上定义，可知当 $x\to 0$ 时，x^2 是比 x 较高阶的无穷小；x 是比 x^2 较低阶的无穷小；$3x$ 和 x 是同阶的无穷小.

下面举一个实际中遇到的无穷小之比的极限问题.

设有正方形的金属薄片，边长为 l，受热后边长增加到 x，现在问这块金属薄片的面积增加多少?

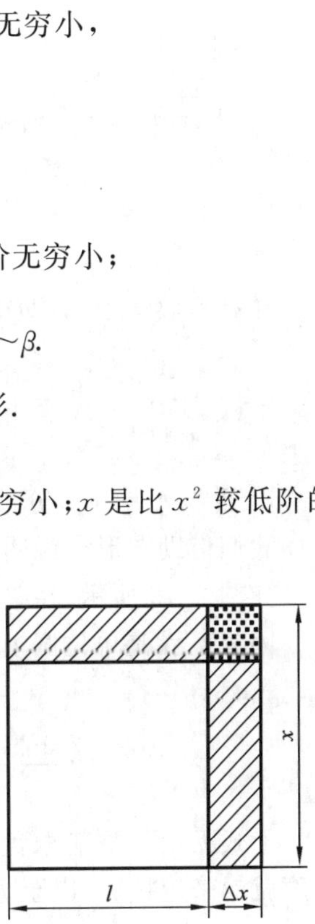

图 2-11

设正方形的面积为 S，由题意，原面积为 $S_1=l^2$，受热后面积为 $S_2=x^2$，设金属薄片的边长增加了 Δx（见图 2-11），则 $\Delta x=x-l$，又设金属薄片的面积增加了 ΔS，则

$$\Delta S=S_2-S_1=(l+\Delta x)^2-l^2=2l^2\Delta x+(\Delta x)^2.$$

这就是金属薄片所增加的面积. 在实际问题中，往往只需求 ΔS 的近似值. 当 Δx 很小时，我们可以忽略上式

中的第二项$(\Delta x)^2$. 事实上，当 $\Delta x\to 0$ 时$(\Delta x)^2$ 是 Δx 的高阶无穷小，即

$$\lim_{\Delta x\to 0}\frac{(\Delta x)^2}{\Delta x}=\lim_{\Delta x\to 0}\Delta x=0,$$

因此 $$\Delta S\approx 2l^2\Delta x.$$

习题四

1. 下列数列，哪些是无穷小，哪些是无穷大？

(1) $\frac{1}{2},\frac{1}{4},\frac{1}{6},\cdots,\frac{1}{2n},\cdots$;

(2) $-1,-3,-5,\cdots,1-2n,\cdots$;

(3) $-\frac{1}{2},\frac{1}{4},-\frac{1}{8},\cdots,(-1)^n\frac{1}{2^n},\cdots$.

2. 求各极限：

(1) $\lim\limits_{x\to 1}\frac{x+1}{x-1}$;　　(2) $\lim\limits_{x\to\infty}\frac{x^4-2x^2+5}{100x^2+15}$;

(3) $\lim\limits_{x\to 0}x\sin\frac{1}{x}$;　　(4) $\lim\limits_{x\to\infty}\frac{x^2+1}{2x^2+2x-1}$.

3. 求证：当 $x\to 2$ 时，x^2-4x+4 是比 $x-2$ 较高阶的无穷小.

第 5 节　两个重要极限

在高等数学中，有两个极限起着非常重要的作用.

一、$\lim\limits_{x\to 0}\frac{\sin x}{x}=1$

由于当 $x\to 0$ 时，分母的极限为零，所以求这个极限不能用商的极限运算法则. 下面我们借助图形来说明这个极限.

如图 2-12 所示，在单位圆中，设圆心角$\angle AOB=x$ 弧度，$2\overset{\frown}{AB}=\overset{\frown}{DB}$，$2CB=DB$.

因为 x 就是单位圆上$\overset{\frown}{AB}$弧的长度，$\sin x$ 是 CB 的长度，所以

$$\frac{\sin x}{x}=\frac{CB}{\overset{\frown}{AB}}=\frac{DB}{\overset{\frown}{DB}}.$$

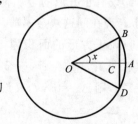

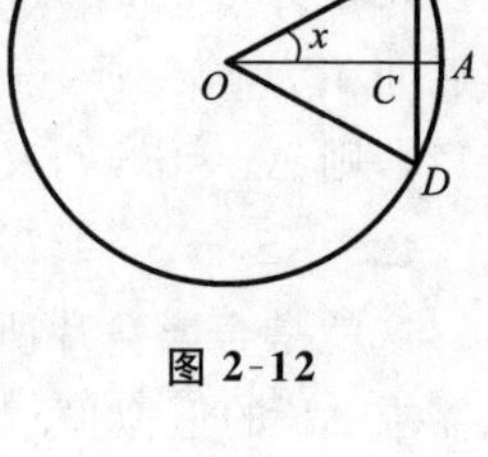

图 2-12

上式无论 x 取正取负都成立，当 $x\to 0$ 时，DB 和$\overset{\frown}{DB}$的长度就越来越接近，以至 DB 和$\overset{\frown}{DB}$之比趋近于 1，于是

$$\lim_{x\to 0}\frac{\sin x}{x}=\lim_{x\to 0}\frac{DB}{\overset{\frown}{DB}}=1.$$

这个重要极限在涉及三角函数的极限问题中起着极为重要的作用，在使用时要注意：$\lim\limits_{x\to 0}\dfrac{\sin x}{x}=1$ 中 x 必须以弧度为单位.

在常见情况下，要正确方便地使用上述极限公式，不妨把它形象地记作：

$$\lim_{\square\to 0}\frac{\sin\square}{\square}=1\quad(\text{方框}\square\text{代表同一变量的表达式})$$

例 1　求 $\lim\limits_{x\to 0}\dfrac{\tan x}{x}$.

解　$\lim\limits_{x\to 0}\dfrac{\tan x}{x}=\lim\limits_{x\to 0}\left(\dfrac{\sin x}{\cos x}\cdot\dfrac{1}{x}\right)=\lim\limits_{x\to 0}\dfrac{\sin x}{x}\cdot\dfrac{1}{\lim\limits_{x\to 0}\cos x}=1$.

由 $\lim\limits_{x\to 0}\dfrac{\sin x}{x}=1$ 和 $\lim\limits_{x\to 0}\dfrac{\tan x}{x}=1$，可知，当 $x\to 0$ 时，$x\sim\sin x\sim\tan x$.

例 2　求 $\lim\limits_{x\to 0}\dfrac{\sin 3x}{x}$.

解　$\lim\limits_{x\to 0}\dfrac{\sin 3x}{x}=\lim\limits_{x\to 0}\dfrac{3\sin 3x}{3x}=3\lim\limits_{x\to 0}\dfrac{\sin 3x}{3x}$.

令 $3x=t$，则当 $x\to 0$ 时，$t\to 0$，即

$$\lim_{x\to 0}\frac{\sin 3x}{x}=3\lim_{t\to 0}\frac{\sin t}{t}=3\times 1=3.$$

在极限运算中作变量代换是常用的方法，但应注意自变量替换时自变量变化趋势的相应变化.

例 3　求 $\lim\limits_{x\to\infty}x\sin\dfrac{a}{x}$.

解　$\lim\limits_{x\to\infty}x\sin\dfrac{a}{x}=\lim\limits_{x\to\infty}a\cdot\dfrac{\sin\dfrac{a}{x}}{\dfrac{a}{x}}=a\lim\limits_{x\to\infty}\dfrac{\sin\dfrac{a}{x}}{\dfrac{a}{x}}$.

令 $\dfrac{a}{x}=t$，则当 $x\to\infty$ 时，$t\to 0$，所以

$$\lim_{x\to\infty}x\sin\frac{a}{x}=a\lim_{t\to 0}\frac{\sin t}{t}=a.$$

当极限运算比较熟练后，就不必写出代换过程，而可以直接写出结果.

例 4　求 $\lim\limits_{x\to 0}\dfrac{1-\cos x}{x^2}$.

解　$\lim\limits_{x\to 0}\dfrac{1-\cos x}{x^2}=\lim\limits_{x\to 0}\dfrac{2\sin^2\dfrac{x}{2}}{4\times\left(\dfrac{x}{2}\right)^2}=\dfrac{1}{2}\lim\limits_{x\to 0}\left(\dfrac{\sin\dfrac{x}{2}}{\dfrac{x}{2}}\right)^2=\dfrac{1}{2}$.

利用 $\lim\limits_{x\to 0}\dfrac{\sin x}{x}=1$ 可以计算引例 1 中半径为 R 的圆的面积 $\lim\limits_{n\to\infty}S_n$.

$$S=\lim_{n\to\infty}S_n=\lim_{n\to\infty}\left(\frac{nR^2}{2}\sin\frac{2\pi}{n}\right)=\lim_{n\to\infty}\left(\pi R^2\ \frac{\sin\frac{2\pi}{n}}{\frac{2\pi}{n}}\right)=\pi R^2\lim_{n\to\infty}\frac{\sin\frac{2\pi}{n}}{\frac{2\pi}{n}}=\pi R^2.$$

二、$\lim\limits_{x\to\infty}\left(1+\dfrac{1}{x}\right)^x=\mathrm{e}$（e＝2.718281828…是无理数）

我们先考察当 $x\to+\infty$ 和 $x\to-\infty$ 时函数 $y=\left(1+\dfrac{1}{x}\right)^x$ 的变化趋势(见表 2-2).

表 2-2

x	…	10	10^2	10^3	10^4	10^5	10^6	…	$\to+\infty$
$\left(1+\frac{1}{x}\right)^x$	…	2.59374	2.70481	2.71692	2.71815	2.71827	2.71828	…	
x	…	-10	-10^2	-10^3	-10^4	-10^5	-10^6	…	$\to-\infty$
$\left(1+\frac{1}{x}\right)^x$	…	2.86797	2.73200	2.71964	2.71841	2.71830	2.71828	…	

由表 2-2 可见，当 $x\to+\infty$ 或 $x\to-\infty$ 时，函数 $\left(1+\dfrac{1}{x}\right)^x$ 的值无限趋近于一个常数，可以证明，当 $x\to+\infty$ 或 $x\to-\infty$ 时，函数 $\left(1+\dfrac{1}{x}\right)^x$ 的极限都存在而且相等，我们用 e 表示这个极限值，即

$$\lim_{x\to\infty}\left(1+\frac{1}{x}\right)^x=\mathrm{e}.$$

这个数 e 是无理数，它的值是 e＝2.718281828459045…，自然对数的底就是这个数 e.

$\lim\limits_{x\to\infty}\left(1+\dfrac{1}{x}\right)^x=\mathrm{e}$ 的结构特点：

(1) 自变量 $x\to\infty$；

(2) 括号内是“1＋无穷小”(必然是“＋”)；

(3) 指数和无穷小互为倒数.

为了更方便地使用上述公式，不妨把它记作：

$$\lim_{\square\to\infty}\left(1+\frac{1}{\square}\right)^{\square}=\mathrm{e}\quad（方框\square代表同一变量的表达式）$$

例 5 求 $\lim\limits_{x\to\infty}\left(1+\dfrac{2}{x}\right)^x$.

解
$$\lim_{x\to\infty}\left(1+\frac{2}{x}\right)^x=\lim_{x\to\infty}\left[\left(1+\frac{1}{\frac{x}{2}}\right)^{\frac{x}{2}}\right]^2$$

设 $t=\frac{x}{2}$，则当 $x\to\infty$ 时，$t\to\infty$，所以

$$\lim_{x\to\infty}\left(1+\frac{2}{x}\right)^{x}=\lim_{x\to\infty}\left[\left(1+\frac{1}{\frac{x}{2}}\right)^{\frac{x}{2}}\right]^{2}=\left[\lim_{t\to\infty}\left(1+\frac{1}{t}\right)^{t}\right]^{2}=\mathrm{e}^{2}.$$

熟练之后，可省去代换过程，直接写出结果.

例 6　求 $\lim\limits_{x\to\infty}\left(1-\frac{1}{x}\right)^{x}$.

解　$\lim\limits_{x\to\infty}\left(1-\frac{1}{x}\right)^{x}=\lim\limits_{x\to\infty}\left[\left(1+\frac{1}{-x}\right)^{-x}\right]^{-1}=\left[\lim\limits_{x\to\infty}\left(1+\frac{1}{-x}\right)^{-x}\right]^{-1}=\mathrm{e}^{-1}=\frac{1}{\mathrm{e}}.$

例 7　求 $\lim\limits_{x\to\infty}\left(1+\frac{k}{x}\right)^{x}$（$k$ 为非零整数）.

解　$\lim\limits_{x\to\infty}\left(1+\frac{k}{x}\right)^{x}=\lim\limits_{x\to\infty}\left(1+\frac{1}{\frac{x}{k}}\right)^{\frac{x}{k}\cdot k}=\left[\lim\limits_{x\to\infty}\left(1+\frac{1}{\frac{x}{k}}\right)^{\frac{x}{k}}\right]^{k}=\mathrm{e}^{k}.$

重要极限 $\lim\limits_{x\to\infty}\left(1+\frac{1}{x}\right)^{x}=\mathrm{e}$ 也可换成其它形式，令 $t=\frac{1}{x}$，则当 $x\to\infty$ 时，$t\to 0$，于是这个极限变成

$$\lim_{t\to 0}(1+t)^{\frac{1}{t}}=\mathrm{e}.$$

这种表达形式在今后的计算中，也可以直接应用.

在运用两个重要极限公式时，首先是要熟记公式的结构特点，然后还必须把所求的极限问题化成公式的形式.

习题五

1. 求下列极限：

(1) $\lim\limits_{x\to 0}\frac{\sin kx}{x}$；　　(2) $\lim\limits_{x\to 0}\frac{\sin 2x}{3x}$；

(3) $\lim\limits_{x\to 0}\frac{\sin 3x}{\sin 2x}$；　　(4) $\lim\limits_{x\to 0}\frac{\tan 2x}{x}$；

(5) $\lim\limits_{x\to\infty}\left(1-\frac{1}{2x}\right)^{x}$；　　(6) $\lim\limits_{x\to\infty}\left(\frac{x}{1+x}\right)^{2x}$；

(7) $\lim\limits_{x\to 0}(1-kx)^{\frac{1}{x}}$；　　(8) $\lim\limits_{x\to 0}(1-x)^{\frac{1}{x}}$.

第 6 节　函数的连续性

日常生活的许多现象，如气温的变化、物体的受热膨胀及生物的生长等都是连续

不断地在运动和变化，这些现象反映到数学上，就是所谓函数的连续性. 本节将利用极限来定义函数的连续性，并讨论函数的间断点、初等函数的连续性以及在闭区间上连续函数的性质.

一、函数连续的定义

我们先引入函数的增量的概念.

1. 函数的增量

设函数 $y=f(x)$ 的自变量 x 由某一值 x_0 变到另一值 x_1 时，称 x_0 为 x 的初值，x_1 为 x 的终值，终值与初值之差 x_1-x_0 称为 x 的增量(或改变量)，并记为 Δx，即

$$\Delta x=x_1-x_0, \quad 或 \quad x_1=x_0+\Delta x.$$

注意：

(1) 记号 Δx 不是 Δ 与 x 的乘积，而是一个不可分割的记号.

(2) Δx 可以是正的，也可以是负的，由 x_1 大于或小于 x_0 来决定.

同样地，随着 x 由 x_0 变到 x_1，函数值 y 也相应地由 $y_0=f(x_0)$ 变到 $y_1=f(x_1)$，$f(x_0)$、$f(x_1)$ 分别称为函数的初值和终值，y_1-y_0 或 $f(x_1)-f(x_0)$ 称为函数 y 的增量(或改变量)，并记为 Δy，即

$$\Delta y=y_1-y_0=f(x_1)-f(x_0)=f(x_0+\Delta x)-f(x_0).$$

例 1 在下列条件下，求函数 $f(x)=2x^2+1$ 的改变量：

(1) 当 x 由 2 变到 2.1 时；

(2) 当 x 由 2 变到 1.9 时；

(3) 当 x 有任意增量 Δx 时.

解 (1) $\Delta y=f(2.1)-f(2)=9.82-9=0.82.$

(2) $\Delta y=f(1.9)-f(2)=8.22-9=-0.78.$

(3) $\Delta y=f(x+\Delta x)-f(x)=[2(x+\Delta x)^2+1]-(2x^2+1)$
$=4x\Delta x+2(\Delta x)^2.$

2. 函数连续的定义

连续函数是一类重要的函数，本书研究的函数，大部分都是连续函数，通常我们说一个函数是连续变化的，从几何图形上来看这个函数的图象是一条接连不断的曲线.

设函数 $y=f(x)$ 的图象如图 2-13 所示，x_0 为函数定义域内一点，如果函数 $y=f(x)$ 的图象在点 x_0 及其左右近旁没有间断，则当 x 在 x_0 处取得增量 Δx(即 $x=x_0+\Delta x$)时，函数 $y=f(x)$ 有相应的增量 $\Delta y=f(x_0+\Delta x)-f(x_0)$，显然，当 Δx 很小时，Δy 也很小；当 $\Delta x\to 0$ 时，Δy 也趋近于零，对于函数 $y=f(x)$ 在点 x_0

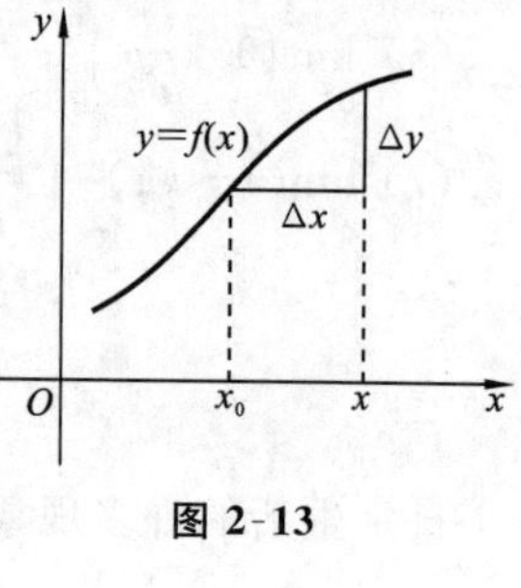

图 2-13

处的这个特性给出下面的定义.

定义 1　设函数 $y=f(x)$ 在点 x_0 及其近旁有定义，如果当自变量 x 在点 x_0 处的增量 $\Delta x=x-x_0$ 趋近于零时，函数相应的增量 $\Delta y=f(x_0+\Delta x)-f(x_0)$ 也趋近于零，即

$$\lim_{\Delta x\to 0}\Delta y=0,$$

或

$$\lim_{\Delta x\to 0}[f(x_0+\Delta x)-f(x_0)]=0.$$

那么，就称函数 $y=f(x)$ 在点 x_0 处连续.

例 2　证明函数 $f(x)=x^2-x+1$ 在点 $x=1$ 处连续.

证　因为函数 $f(x)=x^2-x+1$ 的定义域为 $(-\infty,+\infty)$，所以，函数在点 $x=1$ 及其近旁有定义，而

$$\begin{aligned}\Delta y&=f(1+\Delta x)-f(1)=[(1+\Delta x)^2-(1+\Delta x)+1]-(1^2-1+1)\\&=\Delta x+(\Delta x)^2,\end{aligned}$$

显然

$$\lim_{\Delta x\to 0}\Delta y=\lim_{\Delta x\to 0}[\Delta x+(\Delta x)^2]=0,$$

所以函数 $f(x)=x^2-x+1$ 在点 $x=1$ 处连续.

在定义 1 中，由于 $x=x_0+\Delta x$，则当 $\Delta x\to 0$ 时，有 $x\to x_0$，且

$$\Delta y=f(x_0+\Delta x)-f(x_0)=f(x)-f(x_0),$$

于是可以把式子 $\lim\limits_{\Delta x\to 0}\Delta y=0$ 改写为

$$\lim_{x\to x_0}[f(x)-f(x_0)]=0.$$

即

$$\lim_{x\to x_0}f(x)=f(x_0).$$

因此，函数 $y=f(x)$ 在点 x_0 处连续的定义也可以叙述为：

定义 2　设函数 $y=f(x)$ 在点 x_0 及其近旁有定义，如果当 $x\to x_0$ 时函数 $y=f(x)$ 的极限存在，且等于它在点 x_0 处的函数值 $f(x_0)$，即

$$\lim_{x\to x_0}f(x)=f(x_0),$$

那么，就称函数在点 x_0 处连续.

例如，$f(x)=x^2-x+1$ 的定义域为 $(-\infty,+\infty)$，故函数在点 $x=1$ 及其近旁有定义，且 $\lim\limits_{x\to 1}(x^2-x+1)=1$，$f(1)=1$，所以 $f(x)=x^2-x+1$ 在点 $x=1$ 处连续.

由于 $\lim\limits_{x\to x_0}f(x)=f(x_0)$ 的充要条件是

$$\lim_{x\to x_0^-}f(x)=\lim_{x\to x_0^+}f(x)=f(x_0),$$

所以定义 2 也可以理解为：设函数 $y=f(x)$ 在点 x_0 及其近旁有定义，如果当 $x\to x_0$ 时，函数 $f(x)$ 的左、右极限存在，而且都等于 $f(x)$ 在点 x_0 处的函数值 $f(x_0)$，那么就称 $f(x)$ 在点 x_0 处连续.

例 3　判断函数 $f(x)=\begin{cases}1+x, & x\geqslant 0\\ 1-x, & x<0\end{cases}$ 在点 $x=0$ 处是否连续？

解　因为函数 $f(x)$ 在点 $x=0$ 及其近旁有定义，并且

$$\lim_{x\to0^-}f(x)=\lim_{x\to0^-}(1-x)=1,$$

$$\lim_{x\to0^+}f(x)=\lim_{x\to0^+}(1+x)=1,$$

而
$$f(0)=1+0=1.$$

所以函数 $f(x)$ 在点 $x=0$ 处连续(见图 2-14).

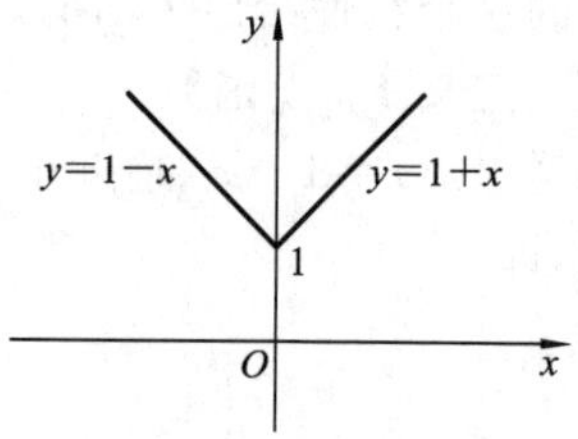

图 2-14

如果函数 $y=f(x)$ 在区间 (a,b) 内的每一点处都连续，那么，就称函数 $y=f(x)$ 是区间 (a,b) 内的连续函数，区间 (a,b) 称为函数的连续区间.

如果 $f(x)$ 在 $[a,b]$ 上有定义，在 (a,b) 内连续，并且

$$\lim_{x\to0^-}f(x)=f(a),\quad \lim_{x\to0^+}f(x)=f(b),$$

那么，称函数 $f(x)$ 在 $[a,b]$ 上连续.

可以证明：基本初等函数在它们的定义区间内都是连续的.

二、初等函数的连续性

1. 初等函数的连续性

我们不加证明地给出如下重要事实：一切初等函数在其定义区间内都是连续的.

因此，求初等函数的连续区间就是求其定义区间，关于分段函数的连续性，除按上述结论考虑每一段函数的连续性外，还必须讨论分界点处的连续性.

例 4　求函数 $f(x)=\sqrt{x^2-3x+2}$ 的连续区间.

解　因为 $f(x)=\sqrt{x^2-3x+2}$ 为初等函数，所以求 $f(x)$ 的连续区间就是求其定义区间.

而要使函数 $f(x)=\sqrt{x^2-3x+2}$ 有意义，必须

$$x^2-3x+2\geqslant0,$$

$$(x-1)(x-2)\geqslant0,\quad 即\quad x\leqslant1\quad 或\quad x\geqslant2.$$

所以函数 $f(x)=\sqrt{x^2-3x+2}$ 的连续区间为 $(-\infty,1]$ 和 $[2,+\infty)$.

2. 利用函数的连续性求极限

若函数 $y=f(x)$ 在 x_0 处连续，则知

$$\lim_{x\to x_0}f(x)=f(x_0).$$

所以，求初等函数在其定义区间内某一点的极限，就是求函数在该点处的函数值.

例 5　求 $\lim\limits_{x\to\frac{\pi}{2}}\lg\sin x$.

解　因为函数 $\lg\sin x$ 在点 $\frac{\pi}{2}$ 连续，所以

$$\lim_{x\to\frac{\pi}{2}}\lg\sin x=\lg\sin\frac{\pi}{2}=\lg 1=0.$$

例 6　求$\lim\limits_{x\to 0}\sqrt{1-x^2}$.

解　$\lim\limits_{x\to 0}\sqrt{1-x^2}=\sqrt{1-0^2}=1$.

例 7　求$\lim\limits_{x\to 4}\dfrac{\sqrt{x+5}-3}{x-4}$.

解　
$$\lim_{x\to 4}\frac{\sqrt{x+5}-3}{x-4}=\lim_{x\to 4}\frac{(\sqrt{x+5}-3)(\sqrt{x+5}+3)}{(x-4)(\sqrt{x+5}+3)}$$
$$=\lim_{x\to 4}\frac{1}{\sqrt{x+5}+3}=\frac{1}{\sqrt{4+5}+3}=\frac{1}{6}.$$

三、闭区间上连续函数的性质

在闭区间上连续的函数具有下面两个定理所述的性质，而这两个定理，从图象上来看，它们的正确性是很明显的.

定理 1　闭区间上的连续函数，在该区间上必有最大值和最小值.

如图 2-15 所示，设 $y=f(x)$在闭区间$[a,b]$上连续，$y=f(x)$的图象表示为点 A 和点 B 间的一条连续不断的曲线，无论怎样来画它的图象，在区间$[a,b]$上一定至少有一个最大的纵坐标 $f(\xi_1)$（即最大值）和一个最小的纵坐标 $f(\xi_2)$（即最小值）.

定理 2（根的存在定理）　如果函数 $y=f(x)$在闭区间$[a,b]$上连续，并且在端点处的值 $f(a)$与 $f(b)$异号，那么，在 a,b 之间至少有一个值 ξ 能使 $f(\xi)=0$.

如图 2-16 所示，因为 $f(a)$和 $f(b)$异号，所以点 A 和点 B 分别位于 x 轴的两侧，$y=f(x)$的图象是由 A 到 B 的连续曲线，无论怎样画这条连续曲线，要从 x 轴的一侧转到另一侧，至少要与 x 轴相交一次，比如相交于点 ξ 处，则 $f(\xi)=0$.

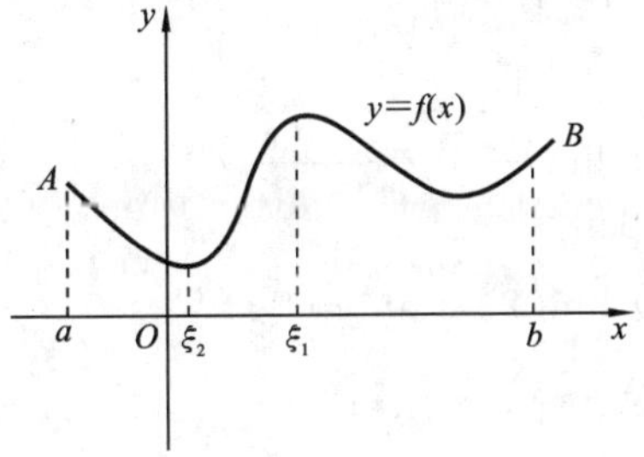

图 2-15

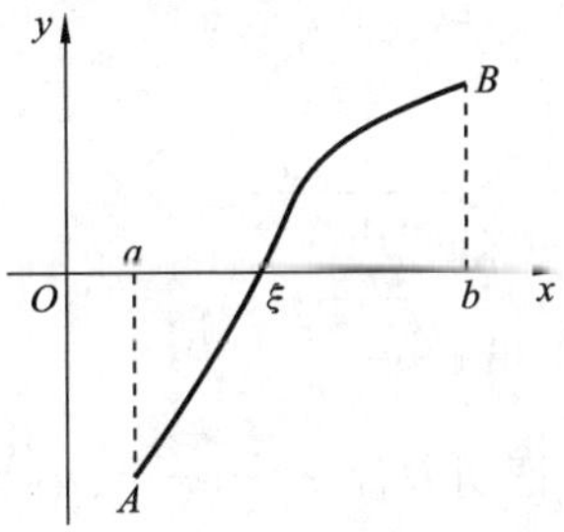

图 2-16

例 8　证明三次方程 $x^3+3x^2-1=0$ 至少有一个实数根介于 0 和 1 之间.

证　设 $f(x)=x^3+3x^2-1$，则 $f(x)$在$[0,1]$上连续，并且

$$f(0)=-1<0,\quad f(1)=3>0.$$

根据根的存在定理，在(0,1)内至少有一点 $\xi(0<\xi<1)$，使得

$$f(\xi)=\xi^3+3\xi^2-1=0 \quad (0<\xi<1),$$

即方程 $x^3+3x^2-1=0$ 在(0,1)内至少有一个实数根.

习题六

1. 求函数 $y=-x^2+\frac{1}{2}x$，当 $x=1,\Delta x=0.5$ 时的增量.

2. 求函数 $y=\sqrt{1+x}$，当 $x=3,\Delta x=-0.2$ 时的增量.

3. 对于正数 x 及其任意增量 $\Delta x(x+\Delta x>0)$ 的值，求函数 $y=\ln x$ 的增量.

4. 利用连续的定义，讨论函数 $f(x)=3x-2$ 在 $x_0=0$ 处的连续性.

5. 利用函数在 $x=x_0$ 处连续的定义 2，讨论下列函数在 $x=1$ 处是否连续.

(1) $f(x)=\begin{cases}1-x^2, & x\geqslant 1\\ x-1, & x<1\end{cases}$；　　(2) $f(x)=\begin{cases}1+4x^2, & x\geqslant 1\\ x-5, & x<1\end{cases}$.

6. 设 $f(x)=\begin{cases}x-1, & 0<x\leqslant 1\\ 2-x, & 1<x\leqslant 3\end{cases}$，试问 $f(x)$在 $x=1$ 处是否连续？为什么？并求 $\lim\limits_{x\to 2}f(x)$及$\lim\limits_{x\to \frac{1}{2}}f(x)$.

7. 求函数 $f(x)=\dfrac{x^3+3x^2-x-3}{x^2+x-6}$ 的连续区间，并求极限$\lim\limits_{x\to 0}f(x)$，$\lim\limits_{x\to 2}f(x)$和 $\lim\limits_{x\to -3}f(x)$.

8. 求下列极限：

(1) $\lim\limits_{x\to 0}\sqrt{x^2-2x+5}$；　　(2) $\lim\limits_{x\to e}(x\ln x+2x)$；

(3) $\lim\limits_{x\to \frac{\pi}{4}}\dfrac{\sin 2x}{2\cos\left(\pi-\frac{\pi}{4}\right)}$；　　(4) $\lim\limits_{t\to -2}\dfrac{e^t+1}{t}$；

(5) $\lim\limits_{x\to 0}\dfrac{1-\cos x}{\sin x}$；　　(6) $\lim\limits_{\Delta x\to 0}\dfrac{\sqrt{x+\Delta x}-\sqrt{x}}{\Delta x}$；

(7) $\lim\limits_{x\to 0}\dfrac{\sqrt{1+x^2}-1}{x}$；　　(8) $\lim\limits_{x\to 0}(1+3\tan^2 x)^{\cot^2 x}$.

9. 证明方程 $x^5-3x=1$ 在区间(1,2)内至少有一个实根.

10. 讨论下列函数的连续性，若有间断点，指出其类型.

(1) $y=\dfrac{1}{x+1}$；　　(2) $y=\dfrac{2x}{1-x^2}$；

(3) $y=\dfrac{x}{\sin x}$；　　(4) $y=(1+x)^{\frac{1}{x}}$.

复 习 题 二

1. 下列说法是否正确？

(1) 无穷小是最小的数；

(2) $-\infty$是无穷小；

(3) 无穷小就是 0；

(4) 没有极限的变量为无穷大.

2. 函数 $f(x)=\dfrac{x^2-1}{|x-1|}$，当 $x\to 1$ 时的极限存在吗？为什么？

3. 求下列极限：

(1) $\lim\limits_{x\to\infty}\dfrac{\sqrt{ax}-x}{x-a}\quad(a>0)$；

(2) $\lim\limits_{x\to 1}\left(\dfrac{1}{x-1}-\dfrac{2}{x^2-1}\right)$；

(3) $\lim\limits_{x\to 0}\dfrac{x^2}{\sin^2\dfrac{x}{3}}$；

(4) $\lim\limits_{x\to\infty}(\sqrt{x^2+1}-\sqrt{x^2-1})$；

(5) $\lim\limits_{x\to\infty}x\ln\dfrac{(1+x)}{x}$；

(6) $\lim\limits_{x\to\infty}\dfrac{3x^2+2}{1-4x^2}$；

(7) $\lim\limits_{x\to 0}\dfrac{1-\cos x}{x\tan x}$；

(8) $\lim\limits_{x\to\infty}\left(1-\dfrac{1}{x}\right)^{kx}$；

(9) $\lim\limits_{x\to 0}x^2\cos\dfrac{1}{x}$；

(10) $\lim\limits_{x\to 0}\dfrac{\sin(\alpha+x)-\sin(\alpha-x)}{x}$.

4. 一电流回路中有一自感线圈，电路接通时，电路中电流 $i=\dfrac{E}{R(1-\mathrm{e})^{-\frac{R}{L}t}}$，试求当 $t\to 0$ 及 $t\to\infty$ 时电流各为多少(其中 R、L、E 为常数)？

5. 当 $x\to 1$ 时，$\dfrac{1-x}{1+x}$与 $1-\sqrt{x}$是否是等价无穷小？

6. 设函数 $f(x)=\begin{cases}x, & 0<x<1\\ \dfrac{1}{2}, & x=1\\ 1, & 1<x<2\end{cases}$，求：

(1) $f(x)$在 $x\to 1$ 时的左、右极限，并问函数 $f(x)$在 $x\to 1$ 时有无极限？

(2) $f(x)$在 $x=1$ 处的函数值，并问 $f(x)$在 $x=1$ 处连续吗？

(3) $f(x)$的连续区间；

(4) 间断点及其类型.

第 3 章　导数与微分

微分学是微积分的重要组成部分，其基本概念是导数与微分，本章将结合有关的实际问题，引出一元函数的导数与微分的定义，并讨论它们的计算方法.

第 1 节　导数的概念

在解决实际问题时，除了需要了解变量之间的函数关系以外，还经常需要研究函数相对于自变量的变化快慢程度，这类问题通常叫做变化率问题.下面先看其中的两个实际问题，这两个问题在历史上与导数概念的形成有密切关系.

一、变化率问题举例

1. 变速直线运动的瞬时速度

在物理学中，物体做匀速直线运动时，它在任何时刻的速度都可以用公式

$$v=\frac{s}{t}$$

来计算，其中，s 为物体经过的位移，t 为时间. 对于做变速直线运动的物体，上述公式只能反映物体在一段时间内的平均速度，不能反映物体在某一时刻瞬时速度，如何精确地刻画在变速直线运动中任一时刻的速度呢？现在先讨论自由落体这种最简单的变速直线运动.

设物体在真空中自由下落，其运动规律为 $s=\frac{1}{2}gt^2$，g 为常数. 下面考察物体在$t=t_0$ 时刻的瞬时速度.

为求 t_0 时刻的瞬时速度，可取邻近于 t_0 的时刻 t(见图 3-1)，并设 $\Delta t=t-t_0$，即 $t=t_0+\Delta t$，物体在 t_0 到 t 这段时间内所经过的位移为

$$\Delta s=\frac{1}{2}gt^2-\frac{1}{2}gt_0^2=\frac{1}{2}g(t_0+\Delta t)^2-\frac{1}{2}gt_0^2=gt_0\cdot\Delta t+\frac{1}{2}g(\Delta t)^2,$$

物体在这段时间内的平均速度为

$$\bar{v}=\frac{\Delta s}{\Delta t}=\frac{gt_0\cdot\Delta t+\frac{1}{2}g(\Delta t)^2}{\Delta t}=gt_0+\frac{1}{2}g\Delta t.$$

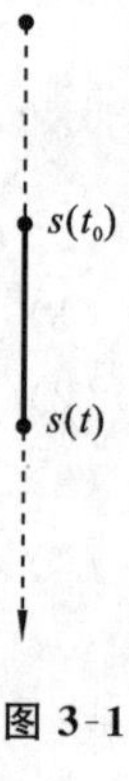

图 3-1

当 $|\Delta t|$ 很小时，可用 $\bar{v}$ 近似地表示落体在 t_0 时刻的瞬时速度 $v(t_0)$，即

$$v(t_0)\approx\bar{v}=gt_0+\frac{1}{2}g\Delta t.$$

显然，$|\Delta t|$ 越小，近似程度就越高，当 Δt 无限接近于 0 时，则 $\bar{v}$ 就无限地接近于 $v(t_0)$，即 $\Delta t\to 0$ 时，$\bar{v}\to v(t_0)$ 或 $\lim\limits_{\Delta t\to 0}\bar{v}=v(t_0)$.

现在问题就转化为求极限的值.

$$v(t_0)=\lim_{\Delta t\to 0}\bar{v}=\lim_{\Delta t\to 0}\left(gt_0+\frac{1}{2}g\Delta t\right)=gt_0.$$

下面用同样的方法来讨论变速直线运动的瞬时速度.

设物体做变速直线运动，其运动方程为 $s=s(t)$，考察物体在 t_0 时刻的瞬时速度.

当时间由 t_0 变到 $t_0+\Delta t$ 时，物体在这段时间内经过的位移为 $\Delta s=s(t_0+\Delta t)-s(t_0)$，物体在这段时间内的平均速度为

$$\bar{v}=\frac{\Delta s}{\Delta t}=\frac{s(t_0+\Delta t)-s(t_0)}{\Delta t}.$$

它是位移相对于平均时间的平均变化率，当 $\Delta t\to 0$ 时，$\bar{v}$ 的极限值就是物体在 t_0 时刻的速度，即

$$v(t_0)=\lim_{\Delta t\to 0}\bar{v}=\lim_{\Delta t\to 0}\frac{\Delta s}{\Delta t}=\lim_{\Delta t\to 0}\frac{s(t_0+\Delta t)-s(t_0)}{\Delta t}.$$

2. 曲线上某点处切线的斜率

在平面几何里，圆的切线被定义为“与圆只相交于一点的直线”. 但是对一般曲线来说，用“与曲线只有一个交点的直线”作为切线的定义就不一定合适. 例如，对于抛物线 $y=x^2$，在原点 O 处两个坐标轴都符合上述定义，但实际上只有 x 轴是该抛物线在点 O 处的切线. 下面给出切线的一般定义：在曲线 L 上点 M 附近，再取一点 N，作割线 MN，当点 N 沿曲线 L 移动而无限趋近点 M 时，割线 MN 绕点 M 旋转的极限位置为 MT，直线 MT 就称为曲线 L 在点 M 处的切线(见图 3-2).

设函数 $y=f(x)$ 的图象为曲线 L(见图 3-3)，$M(x_0,f(x_0))$ 为曲线上的一个点，为了求出在 M 点的切线斜率，在曲线 L 上另取一点 $N(x_0+\Delta x,f(x_0+\Delta x))$ 作割线 MN，则割线 MN 的斜率为

$$\tan\varphi=\frac{f(x_0+\Delta x)-f(x_0)}{(x_0+\Delta x)-x_0}=\frac{f(x_0+\Delta x)-f(x_0)}{\Delta x}=\frac{\Delta y}{\Delta x},$$

其中，φ 为割线 MN 的倾斜角，当点 N 沿曲线 L 趋向点 M，即 $\Delta x\to 0$ 时，割线 MN 达到极限位置 MT(x_0 处的切线)，从而我们得到 M 处切线的斜率：

$$k=\tan\theta=\lim_{\Delta x\to 0}\tan\varphi=\lim_{\Delta x\to 0}\frac{\Delta y}{\Delta x}=\lim_{\Delta x\to 0}\frac{f(x_0+\Delta x)-f(x_0)}{\Delta x}.$$

其中，θ 为切线 MT 的倾斜角.

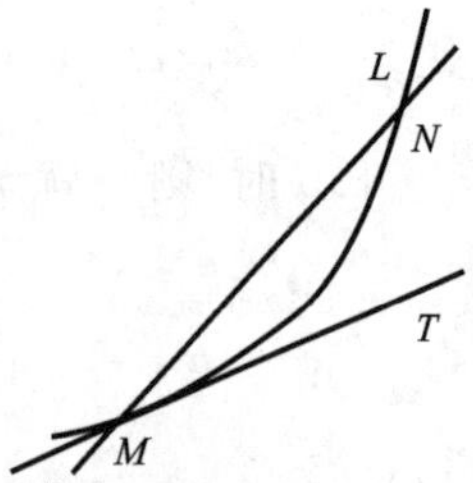

图 3-2

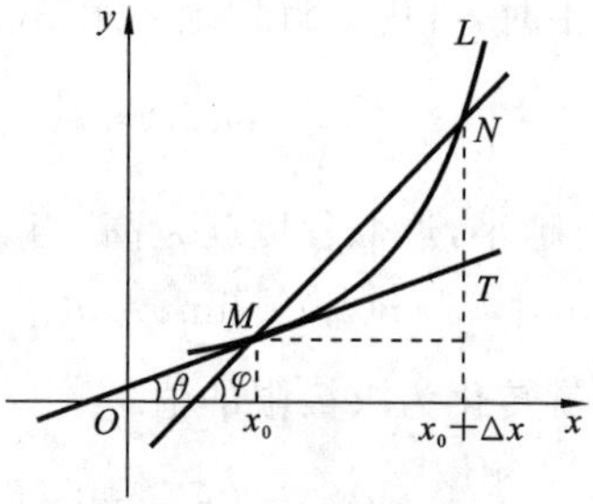

图 3-3

上面所讲的变速直线运动的速度和曲线切线的斜率，虽然来自不同的具体问题，有着各自不同的具体意义，但解决问题的方法和计算公式都是相同的，即都可归结为形如

$$\lim_{\Delta x\to 0}\frac{f(x_0+\Delta x)-f(x_0)}{\Delta x} \tag{*}$$

的极限问题，其中$\frac{f(x_0+\Delta x)-f(x_0)}{\Delta x}=\frac{\Delta y}{\Delta x}$是函数的增量与自变量的增量之比，它表示函数的平均变化率，但若要求精确的变化率的话，则要计算（*）的极限，而这类非均匀变化的变化率问题，在自然科学和工程技术问题中是经常出现的. 例如，加速度、比热容、线密度、电流、化学反应速度、国民经济发展速度等等，不管它们具体的意义如何，都可以抽象为共同的数学模型，即从数量上看，都可以通过计算（*）型极限得到解决，正是由于这些问题求解的需要，促使人们研究（*）型的极限，而导致微分学的诞生.

二、导数的定义

定义 设函数 $f(x)$在点 x_0 及其邻域有定义，若极限$\lim\limits_{\Delta x\to 0}\frac{f(x_0+\Delta x)-f(x_0)}{\Delta x}$存在，则称函数 $f(x)$在点 x_0 处可导，并称该极限的值为函数 $f(x)$在点 x_0 处的**导数**，记为

$$f'(x_0),\quad y'\big|_{x=x_0},\quad \left.\frac{\mathrm{d}y}{\mathrm{d}x}\right|_{x=x_0},\quad \left.\frac{\mathrm{d}}{\mathrm{d}x}f(x)\right|_{x=x_0},$$

即

$$f'(x_0)=\lim_{\Delta x\to 0}\frac{\Delta y}{\Delta x}=\lim_{\Delta x\to 0}\frac{f(x_0+\Delta x)-f(x_0)}{\Delta x}.$$

如果上述极限不存在，则称函数 $f(x)$在点 x_0 处不可导，如果不可导的原因是由于$\lim\limits_{\Delta x\to 0}\frac{\Delta y}{\Delta x}=\infty$，为了方便起见，也说函数 $y=f(x)$在 x_0 处的导数为无穷大.

注意：函数的增量与自变量的增量之比$\frac{\Delta y}{\Delta x}$是函数的平均变化率；而函数在某一

点的导数是函数在该点的变化率，是函数平均变化率的极限值，它反映了该点处函数随自变量变化的快慢程度.

如果函数 $y=f(x)$ 在区间 (a,b) 内各点处都可导，那么就称函数 $f(x)$ 在 (a,b) 内可导. 函数 $f(x)$ 在 (a,b) 内每一点的导数与 x 构成了一个关于 x 的新函数，我们把它称为原来函数 $y=f(x)$ 的导函数，记为

$$f'(x),\quad y',\quad \frac{\mathrm{d}y}{\mathrm{d}x},\quad \frac{\mathrm{d}}{\mathrm{d}x}f(x),$$

通常也称为导数.

注意：我们在求极限过程中，是把 x 当作常量，Δx 是变量.

显然，函数 $y=f(x)$ 在点 x_0 处的导数 $f'(x_0)$ 就是导函数 $f'(x)$ 在点 $x=x_0$ 处的函数值，即 $f'(x_0)=f'(x)|_{x=x_0}$.

有了导数这个概念，前面讨论的两个变化率问题可叙述如下：

(1) 变速直线运动在时刻 t_0 的瞬时速度，就是位移函数 $s=s(t)$ 在 t_0 处的导数，即

$$v(t_0)=s'(t_0).$$

(2) 曲线 $y=f(x)$ 上点 x_0 处切线的斜率是函数 $y=f(x)$ 在 x_0 处的导数，即

$$k=f'(x_0).$$

三、求导数举例

由导数的定义可知，求函数 $y=f(x)$ 的导数 $f'(x)$ 可分为以下三个步骤：

(1) 求函数的增量：$\Delta y=f(x+\Delta x)-f(x)$；

(2) 算比值：$\dfrac{\Delta y}{\Delta x}=\dfrac{f(x+\Delta x)-f(x)}{\Delta x}$；

(3) 取极限：$y'=\lim\limits_{\Delta x\to 0}\dfrac{\Delta y}{\Delta x}$.

下面我们根据这三个步骤求一些比较简单的函数的导数，其中有些是今后在导数计算中经常用到的基本公式.

例 1　求函数 $y=C$（C 为常数）的导数.

解　(1) 求函数的增量：因为 $y=C$，即不论 x 取什么值，y 的值总是 C，所以 $\Delta y=0$；

(2) 算比值：$\dfrac{\Delta y}{\Delta x}=0$；

(3) 取极限：$y'=\lim\limits_{\Delta x\to 0}\dfrac{\Delta y}{\Delta x}=\lim\limits_{\Delta x\to 0}0=0$，即 $(C)'=0$.

这就是说，常数的导数是零.

例 2　求函数 $y=x$ 的导数.

解　(1) 求函数的增量：因为 $f(x)=x$，$f(x+\Delta x)=x+\Delta x$，所以

$$\Delta y=f(x+\Delta x)-f(x)=\Delta x;$$

(2) 算比值：$\frac{\Delta y}{\Delta x}=\frac{\Delta x}{\Delta x}=1$；

(3) 取极限：$y'=\lim\limits_{\Delta x\to 0}\frac{\Delta y}{\Delta x}=\lim\limits_{\Delta x\to 0}1=1$，即

$$(x)'=1.$$

例 3　求函数 $y=\sqrt{x}$ 的导数.

解　(1) 求函数的增量：因为 $f(x)=\sqrt{x}$，$f(x+\Delta x)=\sqrt{x+\Delta x}$，所以

$$\Delta y=f(x+\Delta x)-f(x)=\sqrt{x+\Delta x}-\sqrt{x};$$

(2) 算比值：$\frac{\Delta y}{\Delta x}=\frac{\sqrt{x+\Delta x}-\sqrt{x}}{\Delta x}$；

(3) 取极限：$y'=\lim\limits_{\Delta x\to 0}\frac{\sqrt{x+\Delta x}-\sqrt{x}}{\Delta x}=\lim\limits_{\Delta x\to 0}\frac{(\sqrt{x+\Delta x}-\sqrt{x})(\sqrt{x+\Delta x}+\sqrt{x})}{\Delta x(\sqrt{x+\Delta x}+\sqrt{x})}$

$$=\lim_{\Delta x\to 0}\frac{1}{\sqrt{x+\Delta x}+\sqrt{x}}=\frac{1}{2\sqrt{x}}.$$

即

$$(\sqrt{x})'=\frac{1}{2\sqrt{x}}\quad (x\neq 0).$$

例 4　求函数 $y=\frac{1}{x}$ 的导数.

解　(1) 求函数的增量：因为 $f(x)=\frac{1}{x}$，$f(x+\Delta x)=\frac{1}{x+\Delta x}$，所以

$$\Delta y=f(x+\Delta x)-f(x)=\frac{1}{x+\Delta x}-\frac{1}{x};$$

(2) 算比值：$\frac{\Delta y}{\Delta x}=\frac{-1}{x(x+\Delta x)}$；

(3) 取极限：$y'=\lim\limits_{\Delta x\to 0}\frac{\Delta y}{\Delta x}=\lim\limits_{\Delta x\to 0}\frac{-1}{x(x+\Delta x)}=\frac{-1}{x^2}=-\frac{1}{x^2}$.

即

$$\left(\frac{1}{x}\right)'=-\frac{1}{x^2}.$$

可以证明：幂函数 $y=x^{\alpha}$（α 是任意常数）的导数公式为

$$(x^{\alpha})'=\alpha x^{\alpha-1}.$$

例 5　求下列函数的导数：

(1) $y=x\sqrt[3]{x}$；　　(2) $y=\frac{\sqrt[3]{x}}{\sqrt{x}}$.

解　(1) 因为 $y=x\sqrt[3]{x}=x^{\frac{4}{3}}$，所以

$$y'=(x^{\frac{4}{3}})'=\frac{4}{3}x^{\frac{4}{3}-1}=\frac{4}{3}\sqrt[3]{x}.$$

(2) 因为 $y=\frac{\sqrt[3]{x}}{\sqrt{x}}=x^{-\frac{1}{6}}$，所以

$$y'=(x^{-\frac{1}{6}})'=-\frac{1}{6}x^{-\frac{1}{6}-1}=-\frac{1}{6}x^{-\frac{7}{6}}=-\frac{1}{6x\sqrt[6]{x}}.$$

例6　求函数 $y=\sin x$ 的导数.

解　(1) 求函数的增量：因为 $f(x)=\sin x$，$f(x+\Delta x)=\sin(x+\Delta x)$，所以

$$\Delta y=f(x+\Delta x)-f(x)=\sin(x+\Delta x)-\sin x=2\cos\frac{x+\Delta x+x}{2}\sin\frac{x+\Delta x-x}{2}$$

$$=2\cos\left(x+\frac{\Delta x}{2}\right)\sin\frac{\Delta x}{2};$$

(2) 算比值：$\frac{\Delta y}{\Delta x}=\frac{2\cos\left(x+\frac{\Delta x}{2}\right)\sin\frac{\Delta x}{2}}{\Delta x}=\cos\left(x+\frac{\Delta x}{2}\right)\cdot\frac{\sin\frac{\Delta x}{2}}{\frac{\Delta x}{2}}$；

(3) 取极限：$y'=\lim\limits_{\Delta x\to 0}\frac{\Delta y}{\Delta x}=\lim\limits_{\Delta x\to 0}\cos\left(x+\frac{\Delta x}{2}\right)\cdot\frac{\sin\frac{\Delta x}{2}}{\frac{\Delta x}{2}}$

$$=\lim_{\Delta x\to 0}\cos\left(x+\frac{\Delta x}{2}\right)\cdot\lim_{\Delta x\to 0}\frac{\sin\frac{\Delta x}{2}}{\frac{\Delta x}{2}}=\cos x,$$

即

$$(\sin x)'=\cos x.$$

同理可得

$$(\cos x)'=-\sin x.$$

例7　求函数 $y=\log_a x$ 的导数.

解　(1) 求函数的增量：因为 $f(x)=\log_a x$，$f(x+\Delta x)=\log_a(x+\Delta x)$，所以

$$\Delta y=f(x+\Delta x)-f(x)=\log_a(x+\Delta x)-\log_a x$$

$$=\log_a\frac{x+\Delta x}{x}=\log_a\left(1+\frac{\Delta x}{x}\right);$$

(2) 算比值：$\frac{\Delta y}{\Delta x}=\frac{1}{\Delta x}\log_a\left(1+\frac{\Delta x}{x}\right)=\log_a\left(1+\frac{\Delta x}{x}\right)^{\frac{1}{\Delta x}}$；

(3) 取极限：$y'=\lim\limits_{\Delta x\to 0}\log_a\left(1+\frac{\Delta x}{x}\right)^{\frac{1}{\Delta x}}=\lim\limits_{\Delta x\to 0}\log_a\left[\left(1+\frac{\Delta x}{x}\right)^{\frac{x}{\Delta x}}\right]^{\frac{1}{x}}$

$$=\lim_{\Delta x\to 0}\frac{1}{x}\lim_{\Delta x\to 0}\log_a\left(1+\frac{\Delta x}{x}\right)^{\frac{x}{\Delta x}}=\frac{1}{x}\log_a \mathrm{e}=\frac{1}{x\ln a},$$

即

$$(\log_a x)'=\frac{1}{x\ln a}.$$

这就是以 a 为底的对数函数的导数公式.

特殊地,当 $a=\mathrm{e}$ 时,得自然对数的导数公式

$$(\ln x)'=\frac{1}{x}.$$

四、导数的几何意义

在本章一开始引述的切线问题中,已经说明,当割线 MN 趋于极限位置 MT 时,割线的斜率就趋于切线的斜率,即

$$\tan\theta=\lim_{\Delta x\to 0}\tan\varphi=\lim_{\Delta x\to 0}\frac{f(x_0+\Delta x)-f(x_0)}{\Delta x}=f'(x_0).$$

因此,函数 $y=f(x)$ 在点 x_0 处的导数的几何意义就是曲线 $y=f(x)$ 在点 $M(x_0,y_0)$ 处的切线的斜率,即

$$f'(x_0)=\tan\theta,$$

其中,θ 为切线的倾斜角.

如果曲线 $y=f(x)$ 在点 x_0 处导数为无穷大,则曲线在该点处的切线垂直于 x 轴.

根据导数的几何意义并应用直线的点斜式方程,可知曲线 $y=f(x)$ 在给定点 $M(x_0,y_0)$ 处的切线方程为

$$y-y_0=f'(x_0)(x-x_0).$$

过切点 $M(x_0,y_0)$ 且与切线垂直的直线叫做曲线 $y=f(x)$ 在点 M 处的法线,如果 $f'(x_0)\neq 0$,则法线的斜率为 $-\frac{1}{f'(x_0)}$,从而法线方程为

$$y-y_0=\frac{-1}{f'(x_0)}(x-x_0).$$

当 $f'(x_0)=0$ 时,切线方程和法线方程分别为 $y=y_0$ 和 $x=x_0$.

例 8 求曲线 $y=\sin x$ 在点 $\left(\frac{\pi}{4},\frac{\sqrt{2}}{2}\right)$ 处的切线斜率,并写出切线方程和法线方程.

解 根据导数的几何意义,所求切线的斜率为

$$k_1=y'|_{x=\frac{\pi}{4}}.$$

由于 $y'=(\sin x)'=\cos x$,于是

$$k_1=\cos x|_{x=\frac{\pi}{4}}=\frac{\sqrt{2}}{2}.$$

从而所求的切线方程为 $y-\frac{\sqrt{2}}{2}=\frac{\sqrt{2}}{2}\left(x-\frac{\pi}{4}\right)$,即

$$4x-4\sqrt{2}y+4-\pi=0.$$

所求法线的斜率为　　$k_2=-\frac{1}{k_1}=-\sqrt{2}.$

于是所求法线方程为 $y-\frac{\sqrt{2}}{2}=-\sqrt{2}\left(x-\frac{\pi}{4}\right)$，即

$$4x+2\sqrt{2}y-2-\pi=0.$$

例 9　问曲线 $y=x^{\frac{3}{2}}$ 上哪一点处的切线与直线 $y=3x-1$ 平行？

解　已知直线 $y=3x-1$ 的斜率为 $k=3$，根据两直线平行的条件，所求切线的斜率也应等于 3.

由导数的几何意义可知，$y=x^{\frac{3}{2}}$ 的导数 $y'=(x^{\frac{3}{2}})'=\frac{3}{2}\sqrt{x}$ 表示曲线 $y=x^{\frac{3}{2}}$ 上点 $M(x,y)$ 处的切线的斜率，因此，问题就成为当 x 为何值时，导数 $\frac{3}{2}\sqrt{x}$ 等于 3，即

$$\frac{3}{2}\sqrt{x}=3,$$

解得　　$x=4.$

将 $x=4$ 代入所给曲线方程，得

$$y=4^{\frac{3}{2}}=8.$$

所以曲线 $y=x^{\frac{3}{2}}$ 在点 $(4,8)$ 处的切线与直线 $y=3x-1$ 平行.

五、可导和连续的关系

定理　如果函数 $y=f(x)$ 在点 x_0 处可导，则函数 $y=f(x)$ 在点 x_0 连续.

证　函数 $y=f(x)$ 在 x_0 处可导，即极限 $\lim\limits_{\Delta x\to 0}\frac{\Delta y}{\Delta x}=f'(x_0)$ 存在，由具有极限的函数与无穷小的关系知道：

$$\frac{\Delta y}{\Delta x}=f'(x_0)+\alpha，其中 \alpha 为 \Delta x\to 0 时的无穷小$$

即有

$$\Delta y=f'(x_0)\Delta x+\alpha\Delta x.$$

由此可见，当 $\Delta x\to 0$ 时，$\Delta y\to 0$，这就是说，函数 $y=f(x)$ 在点 x_0 处是连续的.

注意：可导仅是函数在该点连续的充分条件，不是必要条件. 也就是说，一个函数在某点连续却不一定在该点处可导.

例 10　证明函数 $f(x)=|x|$ 在点 $x=0$ 处不可导.

证　由于

$$\frac{f(0+\Delta x)-f(0)}{\Delta x}=\frac{|\Delta x|}{\Delta x}=\begin{cases}1, & \Delta x>0\\ -1, & \Delta x<0\end{cases},$$

当 $\Delta x\to 0$ 时，$\frac{\Delta y}{\Delta x}$的左、右极限虽然都存在但不相等，即$\lim\limits_{\Delta x\to 0}\frac{\Delta y}{\Delta x}$不存在，所以 $f(x)$在 $x=0$ 处不可导.

不难看出，函数 $f(x)=|x|$在点 $x=0$ 处连续，因为

$$\lim_{x\to 0^+}f(x)=\lim_{x\to 0^-}f(x)=f(0)=0.$$

六、变化率模型

前面我们从实际问题中抽象出了导数的概念，并利用导数的定义可以求一些函数的导数；但另一方面，我们还应使抽象的概念回到具体的问题中去，在科学技术中我们常把导数称为变化率(它对于一个未赋予具体含义的函数 $y=f(x)$来说，$\frac{\Delta y}{\Delta x}=\frac{f(x_0+\Delta x)-f(x_0)}{\Delta x}$是以 x_0 与 $x_0+\Delta x$ 为端点的区间中的平均变化率；当 $\Delta x\to 0$ 时，平均变化率的极限值 $f'(x_0)$称为函数在点 x_0 处的变化率). 变化率反映了函数随自变量变化的快慢程度，显然，当函数有不同实际含义时，变化率的含义也有所不同. 为了使读者加深对导数概念的理解，同时，能看到它在科学技术中的广泛应用，我们举一些变化率的例子.

首先我们可以说：瞬时速度是物体位移 s 对时间 t 的变化率；切线的斜率是曲线的纵坐标 y 对横坐标 x 的变化率.

例 11　(电流模型)设在$[0,t]$这段时间内通过导线横截面的电荷 $Q=Q(t)$，求 t_0 时刻的电流 $i(t_0)$.

解　如果是恒定电流，在 Δt 这段时间内通过导线横截面的电荷为 ΔQ，那么它的电流为

$$\text{电流 } i=\frac{\text{电荷}}{\text{时间}}=\frac{\Delta Q}{\Delta t}.$$

如果电流是非恒定电流，就不能直接用上面的公式求 t_0 时刻的电流，此时

$$\bar{i}=\frac{\Delta Q}{\Delta t}=\frac{Q(t_0+\Delta t)-Q(t_0)}{\Delta t},$$

称为在 Δt 这段时间内的平均电流，当$|\Delta t|$很小时，平均电流 $\bar{i}$ 可以作为 t_0 时刻的电流的近似值，$|\Delta t|$越小近似程度越高，令 $\Delta t\to 0$，平均电流 $\bar{i}$ 的极限(如果极限存在)，就称为时刻 t_0 的电流 $i(t_0)$，即

$$i(t_0)=\lim_{\Delta t\to 0}\frac{\Delta Q}{\Delta t}=\lim_{\Delta t\to 0}\frac{Q(t_0+\Delta t)-Q(t_0)}{\Delta t}=Q'(t_0).$$

例 12　(细杆的线密度模型)设一根质量非均匀分布的细杆放在 x 轴上，在$[0,x]$上的质量 m 是 x 的函数 $m=m(x)$，求杆上 x_0 处的线密度 $\rho(x_0)$(对均匀细杆来说，单位长度细杆的质量称为这根细杆的线密度).

解　如果细杆质量分布是均匀的，长度为 Δx 的一段细杆的质量为 Δm，那么它的线密度

$$\rho=\frac{\Delta m}{\Delta x}.$$

如果细杆是非均匀的，就不能直接用上面的公式求 x_0 处的线密度(见图 3-4).

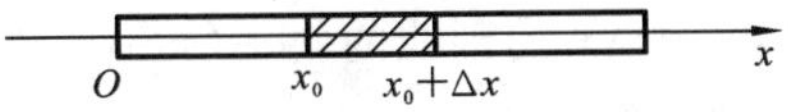

图 3-4

设区间$[0,x_0]$上的细杆的质量 $m=m(x_0)$，在$[0,x_0+\Delta x]$上细杆的质量 $m=m(x_0+\Delta x)$，于是在$[x_0,x_0+\Delta x]$这段长度内，细杆的质量为

$$\Delta m=m(x_0+\Delta x)-m(x_0),$$

其平均线密度为

$$\bar{\rho}=\frac{\Delta m}{\Delta x}=\frac{m(x_0+\Delta x)-m(x_0)}{\Delta x}.$$

当$|\Delta x|$很小时，平均线密度 $\bar{\rho}$ 可作为细杆在 x_0 处的线密度的近似值，$|\Delta x|$越小近似程度越高，令 $\Delta x\to 0$，细杆的平均线密度 $\bar{\rho}$ 的极限(如果极限存在)，就称为细杆在 x_0 处的线密度，即

$$\rho(x_0)=\lim_{\Delta t\to 0}\frac{m(x_0+\Delta x)-m(x_0)}{\Delta x}=m'(x_0).$$

例 13　(化学反应速度模型)在化学反应中某种物质的浓度 N 和时间 t 的关系为 $N=N(t)$，求在 t 时刻该物质的瞬时反应速度.

解　当时间从 t 变到 $t+\Delta t$ 时，浓度的改变量为

$$\Delta N=N(t+\Delta t)-N(t),$$

此时，浓度函数的平均变化率为

$$\frac{\Delta N}{\Delta t}=\frac{N(t+\Delta t)-N(t)}{\Delta t},$$

令 $\Delta t\to 0$，则该物质在 t 时刻的瞬时反应速度为

$$N'(t)=\lim_{\Delta t\to 0}\frac{\Delta N}{\Delta t}=\lim_{\Delta t\to 0}\frac{N(t+\Delta t)-N(t)}{\Delta t}=N'(t_0).$$

关于变化率模型例子很多，如比热容、角速度、生物繁殖率等等，在此就不再一一列举了.

习题一

1. $\dfrac{\Delta y}{\Delta x}$与$\dfrac{dy}{dx}$有什么不同?

2. 物体做直线运动的方程为 $s=3t^2-5t$，求：

(1) 物体在 2 秒到 $(2+\Delta t)$ 秒的平均速度；

(2) 物体在 2 秒时的速度；

(3) 物体在 t_0 秒到 $(t_0+\Delta t)$ 秒的平均速度；

(4) 物体在 t_0 秒的速度.

3. 设有抛物线 $y=x^2+1$，求：

(1) 过曲线上两点 $x_0, x_0+\Delta x$ 的割线的斜率($x_0=3$，Δx 分别为 0，0.1，0.01)；

(2) 抛物线在 $x=3$ 处的切线斜率.

4. 设有一根细棒，取棒的一端为原点，已知从原点起到 x(厘米)处细棒的质量分布为 $m=2x+0.02x^2$(克)，试求：

(1) 从 $x=10$ 到 $x=20$ 间，细棒的平均线密度；

(2) 在 $x=10$ 处细棒的线密度(对均匀的棒来说，单位长度的棒的质量称为这根细棒的线密度).

5. 利用公式 $(x^{\alpha})'=\alpha x^{\alpha-1}$，计算 $y=\sqrt{x}$，$y=\dfrac{1}{\sqrt[3]{x}}$ 及 $y=x^{\frac{1}{2}}$ 的导数.

6. 已知 $f(x)=x^3$，求 $f'(x)$，$f'(0)$，$f'(-2)$.

7. 根据导数定义证明：$(\cos x)'=-\sin x$.

8. 设 $f(x)=\cos x$，求 $f'\left(\dfrac{\pi}{6}\right)$ 和 $f'\left(\dfrac{\pi}{4}\right)$.

9. 求曲线 $y=\ln x$ 在 $x=1$ 和 $x=\mathrm{e}$ 的切线的斜率.

10. 求曲线 $y=x^3$ 在 $x=2$ 的切线方程和法线方程.

11. 抛物线 $y=x^2$ 上哪一点的切线与直线 $y=4x+1$ 平行？

12. 证明函数 $y=|\sin x|$ 在点 $x=0$ 处连续但不可导.

第 2 节　导数的运算法则及基本公式

在上一节里，我们根据导数的定义求出了一些简单函数的导数，但是，对于比较复杂的函数，根据定义求其导数往往很困难，甚至是不可能的. 本节将介绍一些求导数的基本法则，借助于这些法则，就能比较方便地求出常见的初等函数的导数.

一、导数的四则运算法则

定理 1　如果函数 $u=u(x)$ 和 $v=v(x)$ 都在点 x 处可导，则它们的和、差、积、商，即 $u\pm v$，uv，$\dfrac{u}{v}(v\neq 0)$ 在点 x 处也可导，且有以下法则：

(1) $(u\pm v)'=u'\pm v'$；

(2) $(uv)'=u'v+uv'$，特别地，$(Cu)'=Cu'$(C 为常数)；

(3) $\left(\dfrac{u}{v}\right)'=\dfrac{u'v-uv'}{v^2}(v\neq 0)$.

证　因为函数 $u=u(x)$,$v=v(x)$在点 x 处可导,所以

$$\lim_{\Delta x\to 0}\frac{\Delta u}{\Delta x}=u',\quad \lim_{\Delta x\to 0}\frac{\Delta v}{\Delta x}=v',\quad \lim_{\Delta x\to 0}\Delta u=0,\quad \lim_{\Delta x\to 0}\Delta v=0,$$

其中,$\Delta u=u(x+\Delta x)-u(x)$,$\Delta v=v(x+\Delta x)-v(x)$.

(1) 令 $y=u\pm v$,则

$$\begin{aligned}\Delta y&=[u(x+\Delta x)\pm v(x+\Delta x)]-[u(x)\pm v(x)]\\&=[u(x+\Delta x)-u(x)]\pm[v(x+\Delta x)-v(x)]\\&=\Delta u\pm\Delta v,\end{aligned}$$

而

$$\frac{\Delta y}{\Delta x}=\frac{\Delta u}{\Delta x}\pm\frac{\Delta v}{\Delta x},$$

因为

$$\lim_{\Delta x\to 0}\frac{\Delta y}{\Delta x}=\lim_{\Delta x\to 0}\left(\frac{\Delta u}{\Delta x}\pm\frac{\Delta v}{\Delta x}\right)=\lim_{\Delta x\to 0}\frac{\Delta u}{\Delta x}\pm\lim_{\Delta x\to 0}\frac{\Delta v}{\Delta x}=u'\pm v',$$

所以

$$(u\pm v)'=u'\pm v'.$$

(2) 令 $y=u\cdot v$,则

$$\begin{aligned}\Delta y&=u(x+\Delta x)v(x+\Delta x)-u(x)v(x)\\&=(u+\Delta u)\cdot(v+\Delta v)-uv\\&=\Delta u\cdot v+u\cdot\Delta v+\Delta u\cdot\Delta v;\end{aligned}$$

而

$$\frac{\Delta y}{\Delta x}=\frac{\Delta u}{\Delta x}\cdot v+u\cdot\frac{\Delta v}{\Delta x}+\Delta u\cdot\frac{\Delta v}{\Delta x},$$

$$\begin{aligned}\lim_{\Delta x\to 0}\frac{\Delta y}{\Delta x}&=\lim_{\Delta x\to 0}\left[\frac{\Delta u}{\Delta x}\cdot v+u\cdot\frac{\Delta v}{\Delta x}+\Delta u\cdot\frac{\Delta v}{\Delta x}\right]\\&=v\lim_{\Delta x\to 0}\frac{\Delta u}{\Delta x}+u\lim_{\Delta x\to 0}\frac{\Delta v}{\Delta x}+\lim_{\Delta x\to 0}\Delta u\lim_{\Delta x\to 0}\frac{\Delta v}{\Delta x}\\&=u'v+uv'+0\cdot v'=u'v+uv'.\end{aligned}$$

即

$$(uv)'=u'v+uv'.$$

特别地,如果 $v=C$(C 为常数),则因$(C)'=0$,故有

$$(Cu)'=Cu'(C\text{ 为常数}).$$

这就是说,在求导中,常数因子可以提到导数符号外面.

定理 1 中法则(3)的证明与法则(2)类似,留给读者自证.

注意:法则(1)、法则(2)可以推广到有限个可导函数的情形.

例 1　求 $y=2x-\sqrt[3]{x}+3\sin x-\ln x$ 的导数.

解　根据定理 1,得

$$\begin{aligned}y'&=(2x-\sqrt[3]{x}+3\sin x-\ln x)'=(2x)'-(\sqrt[3]{x})'+(3\sin x)'-(\ln x)'\\&=2(x)'-\frac{1}{3}x^{-\frac{2}{3}}+3(\sin x)'-\frac{1}{x}=2-\frac{1}{3\sqrt[3]{x^2}}+3\cos x-\frac{1}{x}.\end{aligned}$$

例 2 已知 $f(x)=x^3+4\cos x-\sin\frac{\pi}{7}$，求 $f'\left(\frac{\pi}{2}\right)$.

解 因为
$$f'(x)=\left(x^3+4\cos x-\sin\frac{\pi}{7}\right)'=(x^3)'+(4\cos x)'-\left(\sin\frac{\pi}{7}\right)'$$
$$=3x^2+4(\cos x)'-0=3x^2-4\sin x,$$

所以
$$f'\left(\frac{\pi}{2}\right)=\frac{3}{4}\pi^2-4.$$

例 3 求 $y=x\log_a x$ 的导数.

解 $y'=(x\log_a x)'=(x)'\log_a x+x(\log_a x)'=\log_a x+x\cdot\frac{1}{x\ln a}=\log_a x+\frac{1}{\ln a}.$

例 4 求函数 $y=\sin 2x$ 的导数.

解 因为 $y=\sin 2x=2\sin x\cos x$，所以
$$y'=(2\sin x\cos x)'=2(\sin x\cos x)'=2[(\sin x)'\cos x+\sin x(\cos x)']$$
$$=2(\cos^2x-\sin^2x)=2\cos 2x.$$

例 5 求函数 $y=\tan x$ 的导数.

解
$$y'=(\tan x)'=\left(\frac{\sin x}{\cos x}\right)'=\frac{(\sin x)'\cos x-\sin x(\cos x)'}{\cos^2x}$$
$$=\frac{\cos^2x+\sin^2x}{\cos^2x}=\frac{1}{\cos^2x}=\sec^2x.$$

即
$$(\tan x)'=\sec^2x.$$

类似地可求得
$$(\cot x)'=-\csc^2x.$$

例 6 求 $y=\sec x$ 的导数.

解 $y'=(\sec x)'=\left(\frac{1}{\cos x}\right)'=\frac{(1)'\cdot\cos x-1\cdot(\cos x)'}{\cos^2x}=\frac{0+\sin x}{\cos^2x}=\sec x\tan x.$

即
$$(\sec x)'=\sec x\tan x.$$

类似地可求得
$$(\csc x)'=-\csc x\cot x.$$

二、反函数的求导法则

定理 2 若函数 $x=\varphi(y)$ 在 (a,b) 内单调连续，且在这区间内处处有不等于零的导数，则它的反函数 $y=f(x)$ 在相应区间内也处处可导，且
$$f'(x)=\frac{1}{\varphi'(y)}\quad\text{或}\quad\frac{\mathrm{d}y}{\mathrm{d}x}=\frac{1}{\frac{\mathrm{d}x}{\mathrm{d}y}}.$$

作为此定理的应用，下面推导出几个函数的导数公式.

例 7 求函数 $y=\arcsin x$ 的导数，$x\in(-1,1)$.

解　由于 $y=\arcsin x, x\in(-1,1)$ 是单调连续函数 $x=\sin y, y\in\left(-\frac{\pi}{2},\frac{\pi}{2}\right)$ 的反函数，且 $(\sin y)'=\cos y\neq 0$，所以由定理2，得

$$(\arcsin x)'=\frac{1}{(\sin y)'}=\frac{1}{\cos y}=\frac{1}{\sqrt{1-\sin^2 y}}=\frac{1}{\sqrt{1-x^2}}.$$

这里根式前应取正号，因为当 $y\in\left(-\frac{\pi}{2},\frac{\pi}{2}\right)$ 时，$\cos y>0$.

类似地可求得

$$(\arccos x)'=-\frac{1}{\sqrt{1-x^2}};$$

$$(\arctan x)'=\frac{1}{1+x^2};$$

$$(\mathrm{arccot}\, x)'=-\frac{1}{1+x^2}.$$

例 8　求指数函数 $y=a^x(a>0$ 且 $a\neq 1)$ 的导数.

解　由于 $y=a^x, x\in(-\infty,+\infty)$ 为单调连续函数 $x=\log_a y, y\in(0,+\infty)$ 的反函数，且 $(\log_a y)'=\frac{1}{y\ln a}\neq 0$，所以由定理2，得

$$(a^x)'=\frac{1}{(\log_a y)'}=\frac{1}{\frac{1}{y\ln a}}=y\ln a=a^x\ln a.$$

即
$$(a^x)'=a^x\ln a.$$

特别地
$$(\mathrm{e}^x)'=\mathrm{e}^x.$$

三、复合函数的求导法则

定理 3　如果 $u=\varphi(x)$ 在点 x 处可导，而 $y=f(u)$ 在对应点 $u=\varphi(x)$ 处可导，则复合函数 $y=f[\varphi(x)]$ 在点 x 处也可导，且其导数为

$$f'[\varphi(x)]=f'(u)\varphi'(x)\quad 或\quad \frac{\mathrm{d}y}{\mathrm{d}x}=\frac{\mathrm{d}y}{\mathrm{d}u}\cdot\frac{\mathrm{d}u}{\mathrm{d}x}.$$

证　设自变量 x 有增量 Δx，相应地 u 有增量 Δu，从而 y 有增量 Δy，因为 $u=\varphi(x)$ 在点 x 处可导必连续，$y=f(u)$ 在对应点 u 处可导，所以

$$\lim_{\Delta u\to 0}\frac{\Delta y}{\Delta u}=\frac{\mathrm{d}y}{\mathrm{d}u},\quad \lim_{\Delta x\to 0}\frac{\Delta u}{\Delta x}=\frac{\mathrm{d}u}{\mathrm{d}x},$$

因为当 $\Delta u\neq 0$ 时，

$$\lim_{\Delta x\to 0}\frac{\Delta y}{\Delta x}=\lim_{\Delta x\to 0}\frac{\Delta y}{\Delta u}\cdot\frac{\Delta u}{\Delta x}=\lim_{\Delta x\to 0}\frac{\Delta y}{\Delta u}\cdot\lim_{\Delta x\to 0}\frac{\Delta u}{\Delta x}=\frac{\mathrm{d}y}{\mathrm{d}u}\cdot\frac{\mathrm{d}u}{\mathrm{d}x},$$

所以
$$\frac{\mathrm{d}y}{\mathrm{d}x}=\frac{\mathrm{d}y}{\mathrm{d}u}\cdot\frac{\mathrm{d}u}{\mathrm{d}x}.$$

当 $\Delta u=0$ 时，可以证明上述法则同样成立.

例 9 求函数 $y=(1-x)^5$ 的导数.

解 函数 $y=(1-x)^5$ 可以看作函数 $y=u^5$ 和 $u=1-x$ 的复合函数. 由于

$$\frac{\mathrm{d}y}{\mathrm{d}u}=(u^5)'=5u^4,\quad \frac{\mathrm{d}u}{\mathrm{d}x}=-1,$$

所以

$$y'=\frac{\mathrm{d}y}{\mathrm{d}u}\cdot\frac{\mathrm{d}u}{\mathrm{d}x}=5u^4\cdot(-1)=-5(1-x)^4.$$

运用复合函数求导法则的关键在于把复合函数正确地分解为几个基本初等函数、多项式函数或有理函数，然后运用适当的导数公式进行计算，对复合函数的分解熟练以后，就不必再写出中间变量，只要把中间变量所代替的式子默记在心，直接由外往里，逐层求导即可.

例 10 求函数 $y=\tan^2\frac{x}{2}$ 的导数.

解 $y'=2\tan\frac{x}{2}\left(\tan\frac{x}{2}\right)'=2\tan\frac{x}{2}\cdot\sec^2\frac{x}{2}\left(\frac{x}{2}\right)'=\tan\frac{x}{2}\sec^2\frac{x}{2}.$

例 11 求函数 $y=\ln\sin 2x$ 的导数.

解 $y'=\frac{1}{\sin 2x}\cdot(\sin 2x)'=\frac{1}{\sin 2x}\cdot\cos 2x\cdot(2x)'=2\cot 2x.$

计算函数的导数时，有时需要同时运用函数的和、差、积、商的求导法则和复合函数的求导法则.

例 12 求函数 $y=x\sqrt{1-x}$ 的导数.

解

$$\begin{aligned}y'&=(x)'\sqrt{1-x}+x(\sqrt{1-x})'=\sqrt{1-x}+x\cdot\frac{1}{2\sqrt{1-x}}\cdot(1-x)'\\&=\sqrt{1-x}-\frac{x}{2\sqrt{1-x}}=\frac{2-3x}{2\sqrt{1-x}}.\end{aligned}$$

习题二

1. 求下列函数的导数：

(1) $y=3x^2-\frac{1}{x^2}+5$； (2) $y=x^2(2+\sqrt{x})$；

(3) $y=(1+x^2)\sin x$； (4) $y=\frac{\sin t}{\sin t+\cos t}$；

(5) $y=2\ln x-\frac{2}{x}$； (6) $y=x\tan x-2\sec x$.

2. 求下列函数的导数：

(1) $y=(3x^2+1)^{10}$； (2) $y=\sqrt{1+x^2}$；

(3) $y=\ln(1-x)$； (4) $y=3\sin(3x+5)$.

3. 设电量函数为 $Q=2t^2+3t+1$(库仑)，求 $t=3$ 秒时的电流 i(安培).

4. 质量为 m_0 的物质，在化学分解中经过时间 t 以后，所剩的质量 m 与时间 t 的关系是 $m=m_0^{e-kt}$(k 是正的常数)，求这个函数的变化率.

第 3 节　高阶导数

我们知道，变速直线运动的速度 $v(t)$ 是位移函数 $s(t)$ 对时间 t 的导数，即

$$v=\frac{\mathrm{d}s}{\mathrm{d}t} \quad \text{或} \quad v=s'.$$

而加速度 a 是速度 $v(t)$ 对时间 t 的变化率，也就是说，加速度 a 等于速度 $v(t)$ 对时间 t 的导数，即

$$a=\frac{\mathrm{d}v}{\mathrm{d}t}.$$

因为

$$v=\frac{\mathrm{d}s}{\mathrm{d}t},$$

所以

$$a=\frac{\mathrm{d}v}{\mathrm{d}t}=\frac{\mathrm{d}}{\mathrm{d}t}\left(\frac{\mathrm{d}s}{\mathrm{d}t}\right) \quad \text{或} \quad a=[s'(t)]'.$$

例如，自由落体运动的位移函数为 $s=\frac{1}{2}gt^2$，那么物体的速度 v 为

$$v=\frac{\mathrm{d}s}{\mathrm{d}t}=\left(\frac{1}{2}gt^2\right)'=gt,$$

物体的加速度为

$$a=\frac{\mathrm{d}v}{\mathrm{d}t}=(gt)'=g.$$

这里加速度 a 为常数，可见自由落体运动是匀加速运动.

像这样导数的导数 $\frac{\mathrm{d}}{\mathrm{d}t}\left(\frac{\mathrm{d}s}{\mathrm{d}t}\right)$ 称为 $s(t)$ 对 t 的二阶导数，所以物体运动的加速度 a 是位移函数 $s(t)$ 对时间 t 的二阶导数.

如果函数 $y=f(x)$ 的导数 $y'=f'(x)$ 仍是 x 的可导函数，就称 $y'=f'(x)$ 的导数为函数 $y=f(x)$ 的二阶导数，记作：

$$y'', \quad f''(x) \quad \text{或} \quad \frac{\mathrm{d}^2y}{\mathrm{d}x^2}.$$

我们把 $y=f(x)$ 的导数称为 $y=f(x)$ 的一阶导数，$y'=f'(x)$ 的一阶导数称为 $y=f(x)$ 的二阶导数，$y'=f'(x)$ 的二阶导数称为 $y=f(x)$ 的三阶导数，$y'=f'(x)$ 的 $n-1$ 阶导数称为 $y=f(x)$ 的 n 阶导数，分别记作：

$$y',y'',y''',\cdots,y^{(n)},$$

或

$$f'(x),f''(x),f'''(x),\cdots,f^{(n)}(x),$$

或

$$\frac{\mathrm{d}y}{\mathrm{d}x},\frac{\mathrm{d}^2y}{\mathrm{d}x^2},\frac{\mathrm{d}^3y}{\mathrm{d}x^3},\cdots,\frac{\mathrm{d}^ny}{\mathrm{d}x^n}.$$

二阶及二阶以上的导数统称为高阶导数. 显然,求高阶导数并不需要新的方法,只要逐阶求导,直到所要求的阶数即可.

例 1 求下列函数的二阶导数:

(1) $y=ax+b(a\neq 0)$; (2) $y=x\ln x$; (3) $s=\mathrm{e}^{-t}\cos t$.

解 (1) $y'=a, y''=0$.

(2) $y'=\ln x+1, y''=(\ln x+1)'=\dfrac{1}{x}$.

(3) $s'=-\mathrm{e}^{-t}\cos t-\mathrm{e}^{-t}\sin t=-\mathrm{e}^{-t}(\cos t+\sin t)$,

$s''=[-\mathrm{e}^{-t}(\cos t+\sin t)]'=\mathrm{e}^{-t}(\cos t+\sin t)-\mathrm{e}^{-t}(\cos t-\sin t)=2\mathrm{e}^{-t}\sin t$.

例 2 求 $y=\mathrm{e}^x$ 的 n 阶导数.

解 $y'=\mathrm{e}^x, y''=\mathrm{e}^x, \cdots, y^{(n)}=\mathrm{e}^x$,即

$$(\mathrm{e}^x)^{(n)}=\mathrm{e}^x.$$

习题三

1. 求下列函数的二阶函数:

(1) 设 $f(x)=\dfrac{x}{x-1}$,求 $f''(0)$;

(2) 设 $y=x\sin 2x$,求 y'';

(3) 设 $f(x)=\mathrm{e}^x-x$,求 $f''(0)$;

(4) 设 $y=\sqrt{x^2-1}$,求 y''.

2. 设质点做直线运动,其运动方程给出如下,求该质点在指定时刻的速度和加速度.

(1) $s=t^2-3t+2, t=2$;

(2) $s=A\cos\dfrac{\pi t}{3}$(A 为常数),$t=1$.

第 4 节　函数的微分

前面我们已经解决了微分学的第一类问题即变化率问题,并由此引出了导数的概念. 本节将要解决第二类问题,即求函数增量的问题,并由此引出微分的概念.

一、微分的概念

在研究函数的连续性及导数时,我们都要考虑函数的增量 Δy 的变化情况,尤其是对于一些实际问题的计算,经常要求出函数的增量,但在许多情况下,给自变量以增量 Δx,求函数 $y=f(x)$ 相应的增量 Δy 的精确值都比较麻烦,因此,希望能找到函

数增量的便于计算的近似表达式，先看一个具体的例子：

设正方形的边长是 x_0，这时它的面积 $S=x_0^2$，如果边长增加 Δx，那么面积相应的增量为

$$\Delta S=(x_0+\Delta x)^2-x_0^2=2x_0\Delta x+(\Delta x)^2.$$

如图 3-5 所示，阴影部分就表示 ΔS. 可以把 ΔS 分成两个部分，第一部分是 ΔS 的主要部分 $2x_0\Delta x$，第二部分 $(\Delta x)^2$ 是当 $\Delta x\to 0$ 时的一个比 Δx 高阶的无穷小，因此，当 $|\Delta x|$ 很小时，可以把第二部分忽略，而认为 $\Delta S\approx 2x_0\Delta x$，又因为 $S'(x_0)=2x_0$，所以上式也可以写成

$$\Delta S\approx S'(x_0)\Delta x.$$

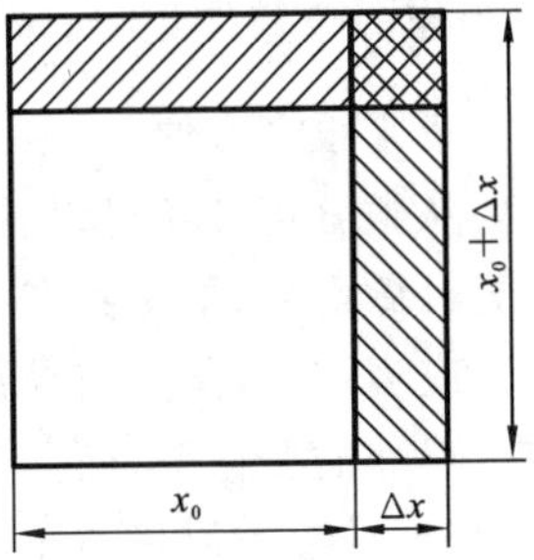

图 3-5

这个结论具有一般性：

设函数 $y=f(x)$ 在点 x 处可导，则

$$f'(x)=\lim_{\Delta x\to 0}\frac{\Delta y}{\Delta x}.$$

根据函数的极限与无穷小的关系，于是有

$$\frac{\Delta y}{\Delta x}=f'(x)+\alpha.$$

其中，α 是 $\Delta x\to 0$ 时的无穷小，两边同乘以 Δx，则

$$\Delta y=f'(x)\Delta x+\alpha\Delta x.$$

和上面的例子一样，当 $f'(x)\neq 0$ 时（我们不考虑 $f'(x)=0$ 的特殊情形），函数的增量是由 $f'(x)\Delta x$ 和 $\alpha\Delta x$ 两部分组成，且有

$$\lim_{\Delta x\to 0}\frac{f'(x)\Delta x}{\Delta x}=\lim_{\Delta x\to 0}f'(x)\neq 0,$$

$$\lim_{\Delta x\to 0}\frac{\alpha\Delta x}{\Delta x}=\lim_{\Delta x\to 0}\alpha=0.$$

所以，$f'(x)\Delta x$ 与 Δx 是同阶无穷小；而 $\alpha\Delta x$ 是较 Δx 高阶的无穷小. 由此可知，在决定函数增量 Δy 中起主要作用的是 $f'(x)\Delta x$，它是 Δx 的线性函数，而 $\alpha\Delta x$ 则是次要部分，所以通常把 $f'(x)\Delta x$ 称为 Δy 的线性主部.

于是当 $|\Delta x|$ 很小时，可以用函数增量的线性主部来近似代替函数增量，即

$$\Delta y\approx f'(x)\Delta x.$$

函数增量的线性主部 $f'(x)\Delta x$，就是所谓函数的微分，定义如下：

定义　如果函数 $y=f(x)$ 在点 x 处可导，那么 $f'(x)\Delta x$ 就称为函数 $y=f(x)$ 在点 x 处的微分，记作 $\mathrm{d}y$ 或 $\mathrm{d}f(x)$，即

$$\mathrm{d}y=\mathrm{d}f(x)=f'(x)\Delta x.$$

由于 $\mathrm{d}x=(x)'\Delta x=\Delta x$，即自变量的微分等于自变量的增量，于是函数 $y=f(x)$ 的微分又可记为

$$dy=f'(x)dx.$$

因此函数在给定点 x 处的微分，等于函数在该点处的导数与自变量微分的乘积. $\frac{dy}{dx}=f'(x)$ 是函数的微分与自变量的微分之商，因此，导数又称为微商. 前面我们是把 $\frac{dy}{dx}$ 当作一个整体记号，现在有了微分的概念，$\frac{dy}{dx}$ 便可作为分式来处理，这就给以后的运算带来很多方便.

从微分定义还可以看出，可导是研究微分的必不可少的前提，我们也把可导函数称为可微函数，把函数在某点可导称为在某点可微，即可导与可微是等价的.

应当注意，微分与导数虽然有着密切的联系，但它们也是有区别的：导数是函数在一点处的变化率，而微分是函数在一点处由自变量的增量所引起的函数增量的主要部分；导数的值只与 x 有关，而微分的值与 x 和 Δx（或 dx）都有关，即只有当 x 和 Δx（或 dx）都确定时，给定函数的微分 dy 才完全确定.

例 1 求函数 $y=\cos x$ 的微分.

解 $dy=(\cos x)'dx=-\sin x dx$.

例 2 求函数 $y=x^2$，当 $x=1$，$\Delta x=0.01$ 时的增量、导数和微分.

解 $\Delta y=(x+\Delta x)^2-x^2=2x\Delta x+(\Delta x)^2=2\times1\times0.01+0.01^2=0.0201$.

由于

$$y'=(x^2)'=2x,\quad dy=y'dx=2xdx,$$

所以在点 $x=1$ 处的导数、微分分别为

$$y'\big|_{x=1}=2x\big|_{x=1}=2.$$

$$dy\Big|_{\substack{x=1\\dx=0.01}}=2xdx\Big|_{\substack{x=1\\dx=0.01}}=2\times1\times0.01=0.02.$$

例 3 有一批半径为 1 厘米的金属球，为了提高球面的光洁度，要镀上一层铜，厚度为 0.01 厘米，估计一下每只球需用铜多少克.（铜的密度为 8.9 克/立方厘米）.

解 镀球需用铜的体积为函数 $V=\frac{4}{3}\pi R^3$ 的增量 ΔV，而

$$dV=\left(\frac{4}{3}\pi R^3\right)'dR=4\pi R^2dR,$$

又 $R=1$ 厘米，$dR=0.01$ 厘米，所以

$$\Delta V\approx dV=4\times3.14\times1^2\times0.01=0.13\ (\text{立方厘米}).$$

因此每只球大约需要铜为 $0.13\times8.9\approx1.16$（克）.

二、微分的几何意义

为了对微分有比较直观的了解，我们来说明微分的几何意义.

设函数 $y=f(x)$ 的图形如图 3-6 所示，MP 是曲线上点 $M(x_0,y_0)$ 处的切线，设 MP 的倾角为 α，当自变量 x 有改变量 Δx 时，得到曲线上另一点 $N(x_0+\Delta x,y_0+\Delta y)$，从图 3-6 可知，$MQ=\Delta x$，$QN=\Delta y$，则

$$QP=MQ\cdot\tan\alpha=f'(x_0)\Delta x,$$

即
$$dy=QP.$$

由此可知，微分 $dy=f'(x_0)\Delta x$ 是当自变量 x 有改变量 Δx 时，曲线 $y=f(x)$ 在点 (x_0,y_0) 处的切线的纵坐标的改变量. 用 dy 近似代替 Δy 就是用点 $M(x_0,y_0)$ 处的切线纵坐标的改变量 QP 来近似代替曲线 $y=f(x)$ 的纵坐标的改变量 QN，并且有 $|\Delta y-dy|=PN$.

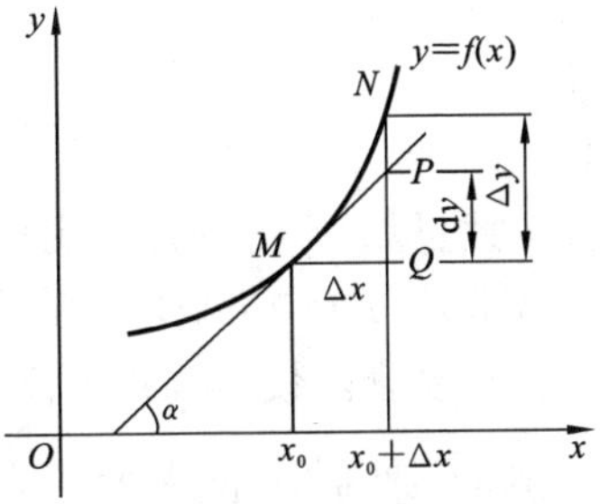

图 3-6

三、微分的运算法则

因为函数 $y=f(x)$ 的微分等于导数 $f'(x)$ 乘以 dx，所以根据导数公式和导数运算法则，就能得到相应的微分公式和微分运算法则.

1. 微分基本公式

$d(C)=0$（C 为常数）；

$d(x^\mu)=\mu x^{\mu-1}dx$；

$d(\log_a x)=\dfrac{1}{x\ln a}dx$；

$d(\ln x)=\dfrac{1}{x}dx$；

$d(a^x)=a^x\ln a\,dx$；

$d(e^x)=e^x dx$；

$d(\sin x)=\cos x\,dx$；

$d(\cos x)=-\sin x\,dx$；

$d(\tan x)=\sec^2 x\,dx$；

$d(\cot x)=-\csc^2 x\,dx$；

$d(\sec x)=\sec x\tan x\,dx$；

$d(\csc x)=-\csc x\cot x\,dx$；

$d(\arcsin x)=\dfrac{1}{\sqrt{1-x^2}}dx$；

$d(\arccos x)=\dfrac{-1}{\sqrt{1-x^2}}dx$；

$d(\arctan x)=\dfrac{1}{1+x^2}dx$；

$d(\text{arccot}\,x)=\dfrac{-1}{1+x^2}dx$.

2. 函数的和、差、积、商的微分运算法则

$$d(u\pm v)=du\pm dv;$$
$$d(uv)=udv+vdu;$$
$$d(Cu)=Cdu\ (C\text{ 为常数});$$
$$d\left(\frac{u}{v}\right)=\frac{vdu-udv}{v^2}\ (v\neq 0).$$

3. 复合函数的微分法则

设函数 $y=f(u)$，根据微分的定义，当 u 是自变量时，函数 $y=f(u)$ 的微分是

$$dy=f'(u)du.$$

如果 u 不是自变量，而是 x 的可导函数 $u=\varphi(x)$，则复合函数 $y=f[\varphi(x)]$ 的导数为

$$y'=f'(u)\varphi'(x),$$

于是，复合函数 $y=f[\varphi(x)]$ 的微分为

$$dy=f'(u)\varphi'(x)dx.$$

由于
$$\varphi'(x)dx=du,$$
所以
$$dy=f'(u)du.$$

由此可见，不论 u 是自变量还是函数（中间变量），函数 $y=f(u)$ 的微分总保持同一形式 $dy=f'(u)du$，这一性质称为一阶微分形式不变性. 有时，利用一阶微分形式不变性求复合函数的微分比较方便.

例 4 求 $y=\tan x+2^x-\dfrac{1}{\sqrt{x}}$ 的微分.

解 $dy=\left(\tan x+2^x-\dfrac{1}{\sqrt{x}}\right)'dx=\left(\sec^2 x+2^x\ln 2-\dfrac{1}{2x\sqrt{x}}\right)dx.$

例 5 求 $y=e^x\sin x$ 的微分.

解 $dy=(e^x\sin x)'dx=e^x(\sin x+\cos x)dx.$

例 6 求 $y=\ln(\sin 2x)$ 的微分.

解 $dy=[\ln(\sin 2x)]'dx=\dfrac{1}{\sin 2x}(\sin 2x)'dx=\dfrac{1}{\sin 2x}2\cos 2x dx$

$=2\cot 2x dx.$

四、微分在近似计算上的应用

前面说过，当函数 $y=f(x)$ 在 x_0 处的导数 $f'(x_0)\neq 0$，且 $|\Delta x|$ 很小时，函数增量

$$\Delta y=f(x_0+\Delta x)-f(x_0)\approx f'(x_0)\Delta x. \quad ①$$

移项，得
$$f(x_0+\Delta x)\approx f(x_0)+f'(x_0)\Delta x,$$
若令 $x=x_0+\Delta x$，则上式又可写成

$$f(x)\approx f(x_0)+f'(x_0)(x-x_0). \quad ②$$

利用式①可以求 x_0 处函数增量的近似值，而如果 $f(x_0)$、$f'(x_0)$ 容易计算，并且 x 是 x_0 附近的点，那么用式②计算 $f(x)$ 的近似值就比较方便.

例 7 求 $e^{0.99}$ 的近似值.

解 令 $f(x)=e^x$，取 $x_0=1$，$x=0.99$（因为点 0.99 在点 1 附近），则 $\Delta x=0.99-1=-0.01$，应用公式②，有

$$e^{0.99}=f(0.99)\approx f(1)+f'(1)\Delta x=e+e\times(-0.01)$$
$$\approx 2.7183-0.0272=2.6911.$$

应用公式②可以推得以下几个工程上常用的近似公式（当 $|\Delta x|$ 很小时）：

(1) $e^x\approx 1+x$；

(2) $\ln(1+x)\approx x$；

(3) $\sin x\approx x$（x 单位是弧度）；

(4) $\tan x\approx x$（x 单位是弧度）；

(5) $\sqrt[n]{1+x}\approx 1+\frac{1}{n}x$.

例8　求$\sqrt{1.05}$的近似值.

解
$$\sqrt{1.05}\approx 1+\frac{1}{2}\times 0.05=1.025.$$

如果直接开方,可得
$$\sqrt{1.05}=1.02470.$$

由上述两个结果可以看出,用1.025作为$\sqrt{1.05}$的近似值,其误差不超过0.001,这样的近似值在一般应用上已够精确了.

习题四

1. 求下列各函数在给定条件下的增量和微分:

(1) $y=2x+1$,x由0变到0.02;

(2) $y=x^2-3x+5$,x由1变到0.99;

(3) $y=x^3+x^2$,x由-1变到-0.98.

2. 求下列函数的微分:

(1) $y=\frac{2}{x^2}$;　　(2) $y=(1+x-x^2)^3$;

(3) $y=\arctan e^x$;　　(4) $y=\frac{1}{x}+2\sqrt{x}$;

(5) $y=\cos 3x$;　　(6) $y=\ln\sqrt{1-x^2}$;

(7) $y=\tan 2(1+2x^2)$;　　(8) $y=e^{\sin^2 x}$;

(9) $y=(e^x+e^{-x})^2$;　　(10) $y=\arcsin\sqrt{1-x^2}$.

3. 求下列各函数在指定点处的微分(取$\Delta x=0.01$):

(1) $y=e^x+2\cos x-7x$,$x=0$和$x=\pi$;

(2) $y=x^2\sin x$,$x=0$和$x=\frac{\pi}{2}$;

(3) $y=\frac{x}{1+x^2}$,$x=0$和$x=1$.

4. 一金属圆管,它的内半径为r,厚度为h,当h很小时,求圆管截面积的近似值.

5. 边长为a的金属立方体受热膨胀,当边增加h,求立方体所增加的体积的近似值.

6. 球壳外直径为20 cm,厚度为2 cm,求球壳体积的近似值.

7. 求下列函数的近似值:

(1) $\sqrt[5]{0.95}$；　　(2) ln1.01；

(3) $e^{0.05}$；　　(4) arcsin0.4983.

复 习 题 三

1. 已知位移函数 $s=2t^2-3$，试求在 $t=2$ 秒，$\Delta t=0.02$ 时的 Δs，$\frac{\Delta s}{\Delta t}$，以及 $t=2$ 秒的速度.

2. 求函数 $y=\frac{1}{x^2}$ 的导数，以及函数 $y=\frac{1}{x^2}$ 在 $x=\frac{1}{2}$ 处的导数，并说明二者有什么区别.

3. 求下列函数的导数：

(1) $y=\sin^5 x\cos 5x$；　　(2) $y=\frac{2t^3-3t+\sqrt{t}-1}{t}$；

(3) $y=xe^x(\cos x+\sin x)$；　　(4) $y=\ln(\ln x)$；

(5) $y=x\arcsin x$；　　(6) $y=e^{-x}\cos 3x$.

4. 求抛物线 $y=x^3$ 在点(2,8)处的切线方程、法线方程.

5. 一物体的运动方程是 $s=2\sin\left(t+\frac{\pi}{3}\right)$：

(1) 求物体的速度及加速度；

(2) 何时速度为零？何时加速度为零？

6. 正方体的体积 V 与边长 x 的函数关系是 $V=x^3$，如果 $x=2$，$\Delta x=0.1$，试求：

(1) ΔV；　　(2) $\mathrm{d}V$；　　(3) $\Delta V-\mathrm{d}V$.

7. 求下列各函数的微分：

(1) $y=\cos^2 x^2$；　　(2) $y=\ln(x+\sqrt{1+x^2})$；

(3) $y=\arctan e^{2x-1}$；　　(4) $y=2^{\ln\tan x}$.

8. 求下列各函数值的近似值：

(1) arctan0.002；　　(2) lg0.998.

第 4 章　导数的应用

上一章我们从实际问题出发，引出了导数的概念，并讨论了求导数的方法. 本章将在介绍拉格朗日中值定理的基础上，着重讨论如何利用导数来研究函数的一些性质，并进一步应用这些性质来解决一些实际问题.

第 1 节　拉格朗日中值定理及函数单调性的判定

一、拉格朗日中值定理

函数的导数表示函数随自变量变化的快慢程度，反映了函数在一点近旁的局部性质，为了能利用导数来研究函数在区间上的某些性质，我们首先介绍拉格朗日中值定理.

定理　如果函数 $y=f(x)$ 在闭区间 $[a,b]$ 上连续，在开区间 (a,b) 内可导，那么，在 (a,b) 内至少存在一点 ξ，使

$$f'(\xi)=\frac{f(b)-f(a)}{b-a},$$

即

$$f(b)-f(a)=f'(\xi)(b-a).$$

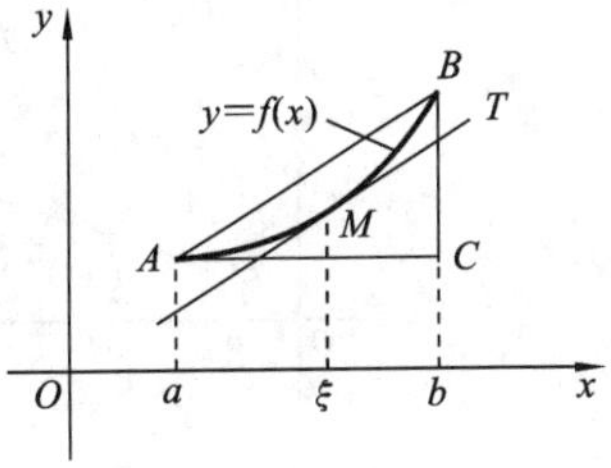

图 4-1

这个定理可以用几何图形来说明，如图 4-1 所示，函数 $y=f(x)$ 在 $[a,b]$ 上连续，表明其图象是一条连续曲线段 $\widehat{AB}$；$f(x)$ 在 (a,b) 内可导，表明曲线 $y=f(x)$ 在除端点 A、B 外每一点处都有不垂直于 x 轴的切线，那么，在曲线段 $\widehat{AB}$ 上至少存在一点 $M(\xi,f(\xi))$，在该点的切线与连接两端点的弦 AB 平行.

由于 A 点坐标为 $(a,f(a))$，B 点坐标为 $(b,f(b))$，所以

$$k_{AB}=\frac{f(b)-f(a)}{b-a},$$

而点 $M(\xi,f(\xi))$ 处切线斜率 $k_{MT}=f'(\xi)$，由两条直线平行的条件，则有

$$f'(\xi)=\frac{f(b)-f(a)}{b-a},\quad 即\quad f(b)-f(a)=f'(\xi)(b-a).$$

拉格朗日中值定理是微分学的一个基本定理，它精确地表达了函数在一个区间

上的改变量(平均变化率)与函数在这区间内某点处的导数之间的联系,从而使我们有可能用导数去研究函数在区间上的某些性质.

推论　如果在(a,b)内的每一点x处,都有$f'(x)=0$,那么,函数$f(x)$在此区间内是一个常数.

事实上,在区间(a,b)内任取两点x_1,x_2(且设$x_1<x_2$),根据拉格朗日中值定理,在(x_1,x_2)内存在一点ξ,使得

$$f(x_2)-f(x_1)=f'(\xi)(x_2-x_1).$$

由于$f'(\xi)=0$,故$f(x_2)-f(x_1)=0$,即

$$f(x_1)=f(x_2).$$

又由x_1、x_2的任意性可知,在(a,b)内任意两点的函数值都相等,也就是说,函数$f(x)$在(a,b)内是一个常数.

在第三章中已经知道常数的导数为0,现在又知道其逆命题也成立,即导数恒为0的函数是常数.

二、函数单调性的判定法

在初等数学中,我们介绍了函数在区间上的单调性定义,并且知道,可以利用定义或图象来判断函数在区间上的单调性.但一般说来,利用定义或图象都有其局限性,而且也比较麻烦,因此有必要寻求更方便的判定方法,为此先看图4-2、图4-3.

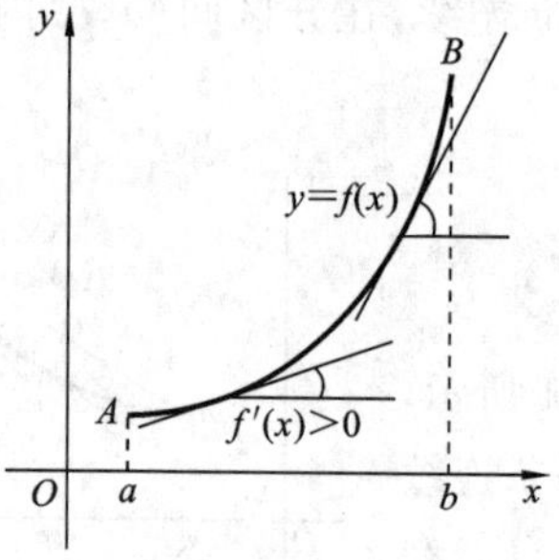

图4-2

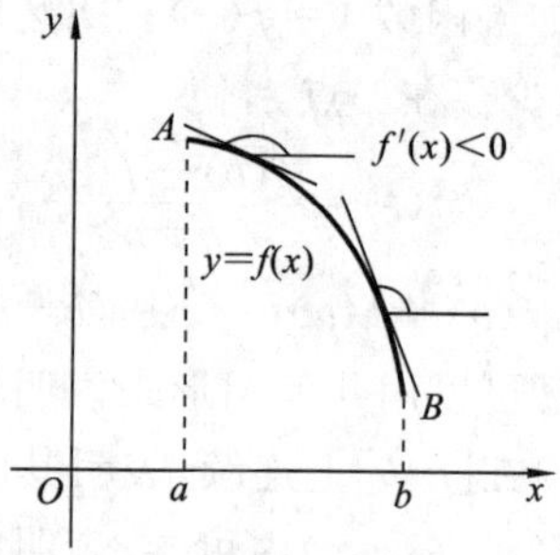

图4-3

从图象上可以直观地看出:在$[a,b]$上单调增加的函数,它在(a,b)内任一点处切线的倾斜角都是锐角,则它的斜率$k>0$,即$f'(x)$的符号都是正的;同样地,单调减少的函数,它在(a,b)内任一点处切线的倾斜角都是钝角,则它的斜率$k<0$,即$f'(x)$的符号都是负的,由此可见,函数的单调性与函数导数的符号密切相关,那么,能否用导数的符号来判定函数的增减性呢?

定理　设函数$y=f(x)$在$[a,b]$上连续,在(a,b)内可导,那么

(1) 若在(a,b)内恒有$f'(x)>0$,则$f(x)$在$[a,b]$上单调增加.

(2) 若在(a,b)内恒有$f'(x)<0$,则$f(x)$在$[a,b]$上单调减少.

证明　(1) 由于函数 $y=f(x)$ 在 $[a,b]$ 上连续，在 (a,b) 内可导，则对 (a,b) 内的任意两点 $x_1<x_2$，利用拉格朗日中值定理，有

$$f(x_2)-f(x_1)=f'(\xi)(x_2-x_1)\quad(x_1<\xi<x_2),$$

在上式中，由于 $f'(\xi)>0$，及 $x_2-x_1>0$，则

$$f(x_2)-f(x_1)>0,$$

即

$$f(x_1)<f(x_2).$$

这就证明了函数在 $[a,b]$ 上是单调增加的.

(2) 其证明方法同(1)，读者自证.

上述定理中的闭区间 $[a,b]$ 若改为开区间 (a,b) 或无限区间，结论也同样成立.

习惯上单调区间都写成开区间的形式(即略去端点不管).

例1　讨论函数 $y=\ln x$ 的单调性.

解　因为在函数定义域 $(0,+\infty)$ 内，$y'=\dfrac{1}{x}>0$，所以，函数 $y=\ln x$ 在其定义域 $(0,+\infty)$ 内单调增加.

例2　在 $(0,2\pi)$ 内讨论函数 $y=\sin x$ 的单调性.

解　$y'=(\sin x)'=\cos x$.

在 $(0,2\pi)$ 内考察 y' 的符号变化情况：在 $\left(0,\dfrac{\pi}{2}\right)$ 内，$y'=\cos x>0$；在 $\left(\dfrac{\pi}{2},\dfrac{3\pi}{2}\right)$ 内，$y'=\cos x<0$；在 $\left(\dfrac{3\pi}{2},2\pi\right)$ 内，$y'=\cos x>0$. 这样，根据 y' 的符号可列成表4-1.

表4-1

x	$\left(0,\dfrac{\pi}{2}\right)$	$\left(\dfrac{\pi}{2},\dfrac{3\pi}{2}\right)$	$\left(\dfrac{3\pi}{2},2\pi\right)$
y'	+	−	+
y	↑	↓	↑

表4-1中第二行列出了导数 y' 的符号，第三行列出了函数 y 的单调性，"↑"表示函数在此区间内单调增加，"↓"表示函数在此区间内单调减少. 说明 $y=\cos x$ 在 $\left(0,\dfrac{\pi}{2}\right)$ 内单调增加，在 $\left(\dfrac{\pi}{2},\dfrac{3\pi}{2}\right)$ 内单调减少，在 $\left(\dfrac{3\pi}{2},2\pi\right)$ 内单调增加.

我们注意到，$x=\dfrac{\pi}{2}$ 是函数单调增加区间 $\left(0,\dfrac{\pi}{2}\right)$ 和单调减少区间 $\left(\dfrac{\pi}{2},\dfrac{3\pi}{2}\right)$ 的分界点；$x=\dfrac{3\pi}{2}$ 是函数单调减少区间 $\left(\dfrac{\pi}{2},\dfrac{3\pi}{2}\right)$ 和单调增加区间 $\left(\dfrac{3\pi}{2},2\pi\right)$ 的分界点，而在点 $x=\dfrac{\pi}{2}$ 和点 $x=\dfrac{3\pi}{2}$ 处，$y'=0$，像 $x=\dfrac{\pi}{2}$ 和 $x=\dfrac{3\pi}{2}$ 这种使导数为零的点称为函数的**驻点**.

从例 2 可以看出，有些函数在它的定义域内不是单调的，但是，可以用导数等于 0 的点（即驻点）来划分函数的定义域，以保证它的导数在各个部分区间内的符号不变，从而使函数在每个部分区间单调，具体步骤如下：

(1) 求函数 $f(x)$ 的定义区间（以确定讨论的范围）；

(2) 求导数 $f'(x)$；

(3) 令 $f'(x)=0$，得定义区间内的所有驻点，并按从小到大的顺序，分定义区间为部分区间；

(4) 列出表格，确定每个部分区间内导数 $f'(x)$ 的符号，在各部分区间内：

若 $f'(x)>0$，那么函数在此区间内单调增加；

若 $f'(x)<0$，那么函数在此区间内单调减少.

例 3 求函数 $f(x)=x^3-6x^2+9x-3$ 的单调区间.

解 (1) 函数的定义域为 $(-\infty,+\infty)$；

(2) 求导数 $f'(x)=3x^2-12x+9=3(x-1)(x-3)$；

(3) 令 $f'(x)=0$ 得驻点 $x=1$ 和 $x=3$，这两点将定义域 $(-\infty,+\infty)$ 划分成三个部分区间：$(-\infty,1)$，$(1,3)$，$(3,+\infty)$；

(4) 列表（见表 4-2），并确定每个部分区间的符号如下.

表 4-2

x	$(-\infty,1)$	$(1,3)$	$(3,+\infty)$
y'	+	−	+
y	↑	↓	↑

由表 4-2 可知，函数在区间 $(-\infty,1)$ 和 $(3,+\infty)$ 内函数是单调增加的，在区间 $(1,3)$ 内函数 $f(x)$ 是单调减少的.

函数 $f(x)=x^3-6x^2+9x-3$ 的图形见图 4-4.

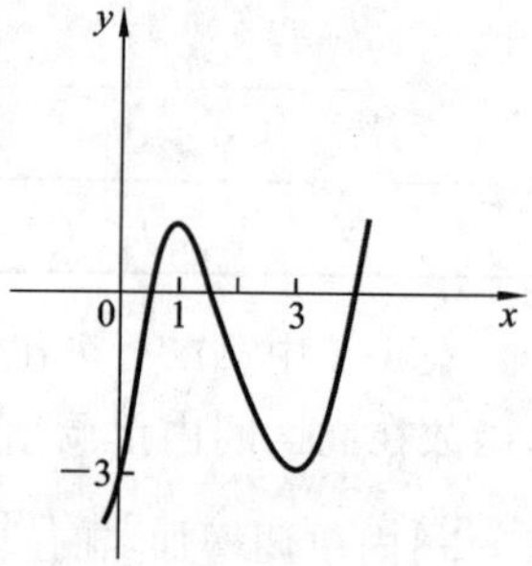

图 4-4

要确定 $f'(x)$ 在某个部分区间的符号，通常可以采用如下两种方法：一种方法是在该区间的内部任意选取一个 x 值，代入 $f'(x)$ 算出其值，若为正则 $f'(x)$ 在该区间内全为正；若为负则全为负，如在 $(-\infty,1)$ 内，取 $x=0$，代入 $f'(x)$ 解 $f'(0)=9>0$，故 $f'(x)$ 在 $(-\infty,1)$ 内为正. 另一种方法是，从 $f'(x)$ 表达式由 x 的大小关系推定 $f'(x)$ 的符号，如在区间 $(1,3)$ 内，$1<x<3$，所以，$x-1>0$，$x-3<0$，故 $f'(x)=3(x-1)(x-3)<0$.

习题一

1. 指出下列函数在给定区间内的单调性：

(1) $f(x)=x+\cos x,(0,2\pi)$；

(2) $f(x)=\arctan x-x,(-\infty,+\infty)$；

(3) $y=\tan x,\left(-\frac{\pi}{2},\frac{\pi}{2}\right)$.

2. 确定下列函数的单调区间：

(1) $f(x)=x^4-2x^2-5$；

(2) $f(x)=2x^2-\ln x$；

(3) $y=x+\cos x$；

(4) $y=x-\ln(1+x)$；

(5) $f(x)=(x-1)(x+1)^3$；

(6) $f(x)=e^{-x^2}$.

第 2 节　函数的极值及其求法

在上一节的例 3 中，点 $x=1$ 和点 $x=3$ 是函数 $y=x^3-6x^2+9x-3$ 的单调区间的分界点，在 $x=1$ 的左侧附近 $f(x)$ 单调增加，在 $x=1$ 的右侧附近 $f(x)$ 单调减少(见图 4-4).

从图 4-4 不难看出，函数 $f(x)$ 在点 $x=1$ 处值 $f(1)$ 比点 $x=1$ 处左右近旁任一点 x 的函数值 $f(x)$ 都大. 类似地，$f(x)$ 在点 $x=3$ 处的值 $f(3)$ 比点 $x=3$ 处左右近旁任一点 x 的函数值 $f(x)$ 都小. 对于这样的点及其函数值我们分别定义为函数的极值点和极值.

一、函数极值的定义

定义　设函数 $y=f(x)$ 在点 x_0 及其左右近旁有定义，若对于 x_0 附近的任一点 $x(x\neq x_0)$ 均有 $f(x)<f(x_0)$，那么，就称 $f(x_0)$ 是函数 $f(x)$ 的一个极大值，点 x_0 称为 $f(x)$ 的一个极大值点；若对于 x_0 附近的任一点 $x(x\neq x_0)$，均有 $f(x)>f(x_0)$，那么，就称 $f(x_0)$ 是函数 $f(x)$ 的一个极小值，点 x_0 称为 $f(x)$ 的一个极小值点.

函数的极大值与极小值统称为函数的极值，函数的极大值点、极小值点统称为函数的极值点.

例如，$x=1$ 是 $f(x)=x^3-6x^2+9x-3$ 的极大值点，在该点处的函数值 $f(1)=1$ 为极大值；$x=3$ 为 $f(x)$ 的极小值点，$f(3)=-3$ 为 $f(x)$ 的极小值.

注意：

(1) 极值点是指自变量的值，而极值是指对应的函数值.

如 $x=1,x=3$ 是函数 $f(x)=x^3-6x^2+9x-3$ 的极值点，而 $f(1)=1$ 和 $f(3)=3$ 是 $f(x)$ 的极值.

(2) 函数的最大值和最小值是就整个定义域区间而言，是一个整体概念；而函数的极值概念是局部性的，是就 x_0 附近的一个局部范围来说的(若 x_0 为极值点).

如 $f(3)=-3$ 为 $f(x)=x^3-6x^2+9x-3$ 的极小值，只是就 $x=3$ 附近的一个局

部范围来说的,在函数的整个定义域上,它就不是最小值,$f(3)=-3$ 比 $f(-1)=-19$大.

同样,$f(1)=1$ 为极大值,而 $f(1)=1$ 比 $f(5)=17$ 小.

(3) 在指定的区间上,一个函数可能有多个极大值或多个极小值,并且函数的极大值不一定大于极小值(见图 4-5).

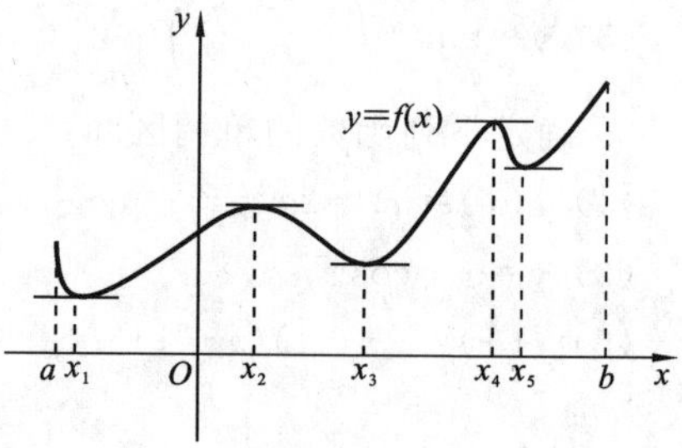

图 4-5

在图 4-5 中,函数 $f(x)$有两个极大值 $f(x_2)$、$f(x_4)$,三个极小值 $f(x_1)$、$f(x_3)$、$f(x_5)$,其中极大值 $f(x_2)$ 比极小值 $f(x_5)$ 还小.

二、函数极值的判定和求法

从图 4-5 中还可以看到,在函数取得极值处,曲线上的切线是水平的,即该点处函数的导数为 0,也就是说该极值点是函数的驻点. 那么,反过来,函数的驻点是否一定是函数的极值点呢?

定理 1(必要条件) 设函数 $f(x)$在点 x_0 处可导,并且在点 x_0 处取得极值,那么,必有 $f'(x_0)=0$.

定理 1 说明:可导函数的极值点必定是它的驻点,但反过来,函数的驻点却不一定是极值点.

例如,$f(x)=x^3$ 的导数 $f'(x)=3x^2$,$f'(0)=0$,因此 $x=0$ 是函数的驻点,但 $x=0$ 却不是它的极值点(图 4-6).

另外极值点还可能出现在不可导点处. 例如 $f(x)=(x-2)^{\frac{2}{3}}$ 在 $x=2$ 是不可导点,但 $x=2$ 却是极小值点,如图 4-7 所示.

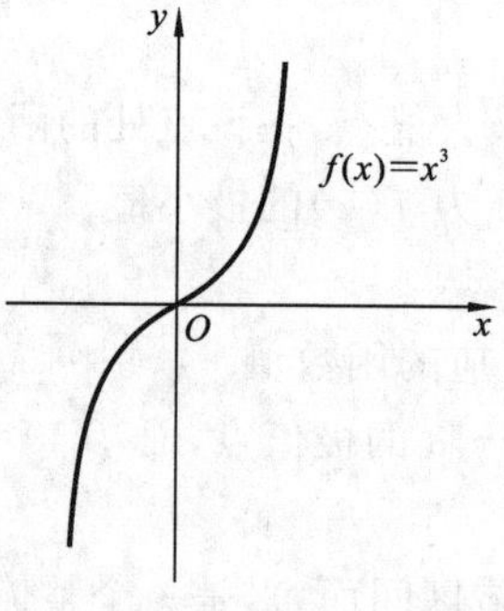

图 4-6

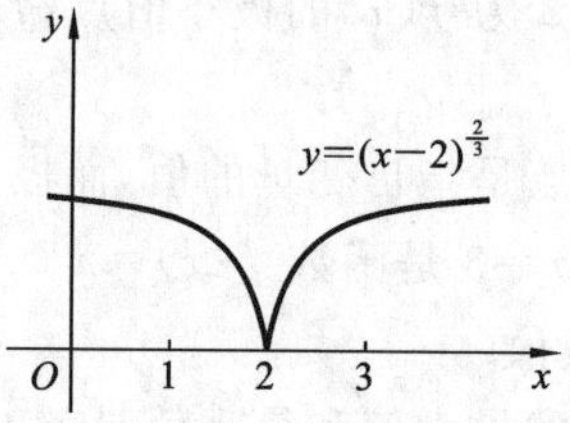

图 4-7

因此,连续函数的极值点一定在驻点和不可导点处,但是并不是所有的驻点和不可导点都是极值点，那么如何判断驻点和不可导点是否为极值点呢？有如下定理.

定理 2（第一充分条件） 设函数 $f(x)$ 在点 x_0 处连续且在 x_0 的某个去心邻域内可导，在这个邻域内：

(1) 如果在点 x_0 的左侧近旁，$f'(x)$ 恒为正；在右侧近旁，$f'(x)$ 恒为负，那么，函数 $f(x)$ 在 x_0 处取得极大值 $f(x_0)$.

(2) 如果在点 x_0 的左侧近旁，$f'(x)$ 恒为负；在右侧近旁，$f'(x)$ 恒为正，那么，函数 $f(x)$ 在 x_0 处取得极小值 $f(x_0)$.

(3) 如果在点 x_0 两侧近旁，$f'(x)$ 恒为正或恒为负，那么，函数 $f(x)$ 在 x_0 处没有极值.

根据上面两个定理，如果函数在所讨论的区间内可导，就可按下列步骤求函数的极值点和极值：

(1) 求函数 $f(x)$ 的定义域；

(2) 求导数 $f'(x)$；

(3) 求出 $f(x)$ 的全部驻点和不可导点，这些点把定义域分成若干个小区间；

(4) 讨论 $f'(x)$ 在各小区间内的符号，求出函数的极值.

例 1 求函数 $f(x)=x-\frac{3}{2}x^{\frac{2}{3}}$ 的极值.

解 函数的定义域为 $\mathbf{R}$，且

$$f'(x)=1-x^{-\frac{1}{3}}\quad (x\neq 0),$$

令 $f'(x)=0$ 得 $x=1$（驻点），又 $x=0$（不可导点）. 列表（见表 4-3）考察 $f'(x)$ 的符号.

表 4-3

x	$(-\infty,0)$	0	$(0,1)$	1	$(1,+\infty)$
$f'(x)$	$+$	不存在	$-$	0	$+$
$f(x)$	↑	极大值	↓	极小值	↑

所以，函数在 $x=0$ 处取得极大值 $f(0)=0$，在 $x=1$ 处取得极小值 $f(1)=-\frac{1}{2}$.

如果函数 $f(x)$ 在驻点处的二阶导数不为零，则还可以用定理 3 来判断函数在驻点处是否取得极值.

定理 3（第二充分条件） 设函数 $f(x)$ 在点 x_0 处二阶可导，且 $f'(x_0)=0$，$f''(x_0)\neq 0$，则

(1) 若 $f''(x_0)<0$，$f(x_0)$ 是 $f(x)$ 的极大值；

(2) 若 $f''(x_0)>0$，$f(x_0)$ 是 $f(x)$ 的极小值.

例 2 求函数 $f(x)=\sin x+\cos x$ 在 $[0,2\pi]$ 上的极值.

解 $f'(x)=\cos x-\sin x$，　$f''(x)=-\sin x-\cos x$，

令 $f'(x)=0$ 得 $x=\frac{\pi}{4}$(驻点)和 $x=\frac{5}{4}\pi$(驻点),而

$$f''\left(\frac{\pi}{4}\right)=-\sin\left(\frac{\pi}{4}\right)-\cos\left(\frac{\pi}{4}\right)=-\sqrt{2}<0,$$

$$f''\left(\frac{5}{4}\pi\right)=-\sin\left(\frac{5}{4}\pi\right)-\cos\left(\frac{5}{4}\pi\right)=\sqrt{2}>0,$$

所以,函数 $f(x)$ 在 $x=\frac{\pi}{4}$ 处有极大值 $f\left(\frac{\pi}{4}\right)=\sqrt{2}$,在 $x=\frac{5}{4}\pi$ 处有极小值 $f\left(\frac{5}{4}\pi\right)=-\sqrt{2}$.

习题二

1. 求下列函数的极值点和极值:

(1) $y=6+12x-x^3$;　　(2) $y=2x^2-8x+3$;

(3) $y=x-\ln(1+x)$;　　(4) $f(x)=x+\tan x$;

(5) $f(x)=2e^x+e^{-x}$;　　(6) $f(x)=x+\sqrt{1-x}$.

2. 求下列函数在指定区间上的极值:

(1) $y=4x^2(x^2-2)$在区间$[-2,2]$上;

(2) $f(x)=\sin x-\cos x$ 在区间$\left(-\frac{\pi}{2},\frac{\pi}{2}\right)$上;

(3) $f(x)=e^x\cos x$ 在区间$(0,2\pi)$上.

第3节　函数的最大值和最小值

在实际问题中,常常会遇到这样一类问题:在一定的条件下,怎样使“产品最多”、“用料最省”、“成本最低”、“效率最高”、“性能最好”等等,这些问题反映在数学上就是所谓最大值、最小值问题.解决这类问题是导数的重要应用之一.

下面先来讨论闭区间上连续函数的最大值、最小值.

对于闭区间$[a,b]$上的连续函数 $f(x)$,根据闭区间上连续函数的性质可知,函数在$[a,b]$上一定有最大值和最小值.下面讨论其求法.

前面我们讨论了函数 $f(x)$的极值,这是在一点附近局部范围内的最大值和最小值,而要求连续函数 $f(x)$在整个闭区间$[a,b]$上的最大值与最小值,显然只要把极值以及区间端点处的函数值加以比较,即可得出整个区间上的最大值和最小值.

我们归纳出求函数的最值的方法如下:

(1) 求出函数 $f(x)$在(a,b)内所有驻点和不可导点,并计算出相应的函数值;

(2) 求出区间端点处的函数值 $f(a)$和 $f(b)$;

(3) 比较各值，其中最大的就是 $f(x)$ 在 $[a,b]$ 上的最大值，最小的就是 $f(x)$ 在 $[a,b]$ 上的最小值.

例1　求函数 $f(x)=2x^3+3x^2-12x+14$ 在 $[-3,4]$ 上的最大值和最小值.

解
$$f'(x)=6x^2+6x-12=6(x+2)(x-1),$$
令 $f'(x)=0$ 得驻点 $x_1=-2, x_2=1$. 因为
$$f(-2)=34,\quad f(1)=7,\quad f(-3)=23,\quad f(4)=142.$$
所以 $f(x)$ 在 $[-3,4]$ 上的最大值为 $f(4)=142$，最小值为 $f(1)=7$.

在实际问题中，往往根据问题的性质就可以断定函数 $f(x)$ 在定义区间的内部一定有最大值或最小值. 这时，如果函数 $f(x)$ 在定义区间内只有一个驻点 x_0，那么，可以断定 $f(x_0)$ 就是所要求的最大值或最小值.

例2　铁路线上 AB 段的距离为 100 km，工厂 C 距 A 处为 20 km，AC 垂直于 AB(见图 4-8)，为了运输需要，要在 AB 线上选定一点 D 和工厂修筑一条公路，已知铁路上每公里货运的运费与公路上每公里货运的运费之比为 3∶5，为了使货物从供应站 B 运到工厂 C 的运费最省，问 D 点应选在何处?

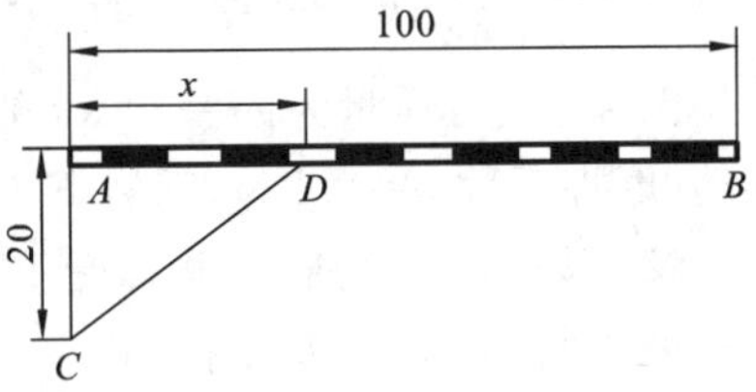

图 4-8

解　设 $AD=x$ (km)，则
$$DB=100-x\ (\text{km}),\quad CD=\sqrt{20^2+x^2}=\sqrt{400+x^2}\ (\text{km}).$$
设铁路上每公里的运费为 $3k$，公路上每公里的运费为 $5k$(k 为常数)，从 B 点到 C 点需要的总运费为 y，则
$$y=5k\sqrt{400+x^2}+3k(100-x)\quad (0\leqslant x\leqslant 100),$$
现在问题就归结为 x 在区间 $[0,100]$ 上取何值时，函数 y 的值最小. 因为
$$y'=k\left(\frac{5x}{\sqrt{400+x^2}}-3\right),$$
令 $y'=0$，得 $x=15$ (km).

由于运费的最小值存在，且必在 $[0,100]$ 上取得，而函数 y 在 $[0,100]$ 内只有一个驻点 $x=15$，所以 D 点应选在距 A 点 15 km 处，运费最省.

例3　作一圆柱形有盖铁桶，要求容积为定值 V_0，问其底半径取多大值时，用料最省?

分析　用料最省就是要求铁桶的表面积最小.

解　设铁桶底半径为 r，高为 h(见图 4-9)，则它的表面积为
$$S=2\pi r^2+2\pi rh.$$
因其容积 V_0 是固定的，由 $V_0=\pi r^2 h$，可得

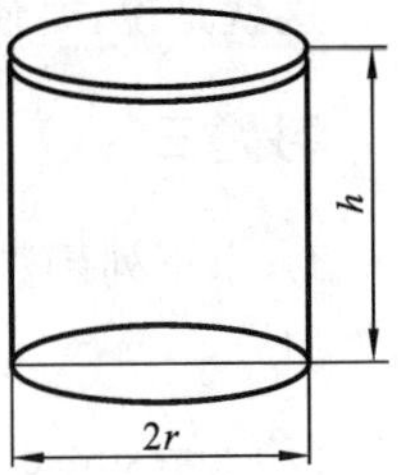

图 4-9

$$h=\frac{V_0}{\pi r^2},$$

代入上式得

$$S=2\pi r^2+\frac{2V_0}{r},\quad r\in(0,+\infty).$$

现在,问题转化为 r 在$(0,+\infty)$内取何值时,函数 S 的值为最小. 因为

$$S'=4\pi r-\frac{2V_0}{r^2},$$

令 $S'=0$,得

$$r=\sqrt[3]{\frac{V_0}{2\pi}}.$$

所以当 $r=\sqrt[3]{\frac{V_0}{2\pi}}$时,$S$ 为最小,即用料最省.

例 4 设有质量为 $m=50$ kg 的物体,置于水平地面上,现有拉力 F 使它从原处移动(摩擦系数 $\mu=0.25$),问力 F 与地面的夹角 θ 为多少时,才能使力 F 为最小?

解 如图 4-10 所示,物体受重力 $G=mg$,拉力 F,地面的支持力 N,以及摩擦力 $f=\mu N$ 的作用,由物理知识知,当水平拉力 $F\cos\theta$ 与摩擦力平衡时,物体开始移动,故有

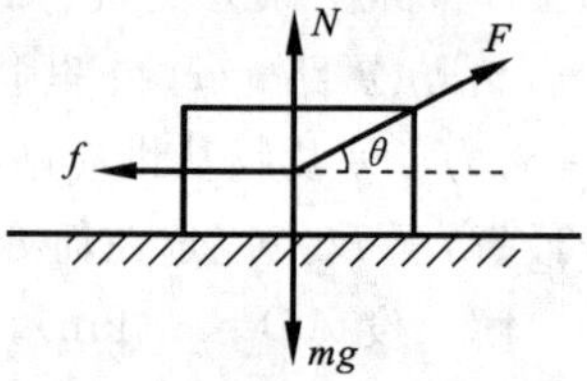

图 4-10

$$F\cos\theta=\mu N,$$

又由于 $N=mg-F\sin\theta$,代入上式,得

$$F\cos\theta=\mu(mg-F\sin\theta)$$

即

$$F=\frac{\mu mg}{\cos\theta+\mu\sin\theta},\quad \theta\in\left[0,\frac{\pi}{2}\right].$$

现在问题转化为 θ 取$\left[0,\frac{\pi}{2}\right]$中何值时,才能使拉力 F 最小,也就是使 $\mu(\theta)=\cos\theta+\mu\sin\theta\left(0\leqslant\theta\leqslant\frac{\pi}{2}\right)$为最大?

令 $\mu'(\theta)=-\sin\theta+\mu\cos\theta=0$,得

$$\theta=\arctan\mu=\arctan 0.25\approx 14^\circ 2',$$

这就是说,要使物体移动,拉力 F 与地面成 $14^\circ 2'$角度时,用力最省.

习题三

1. 求下列函数在给定区间上的最大值和最小值:

(1) $y=x^3-2x^2+5,[-2,2]$;

(2) $y=\sin 2x-x,-\frac{\pi}{2}\leqslant x\leqslant\frac{\pi}{2}$.

2. 证明面积相等的矩形中正方形的周长为最小.

3. 甲、乙两工厂位于输电线干线同侧，且距干线的垂直距离分别为 1 km，1.5 km，合用一变压器(见图 4-11)，若两厂用同型号线架设输电线，问变压器设在输电线干线何处时，所需电线最短？

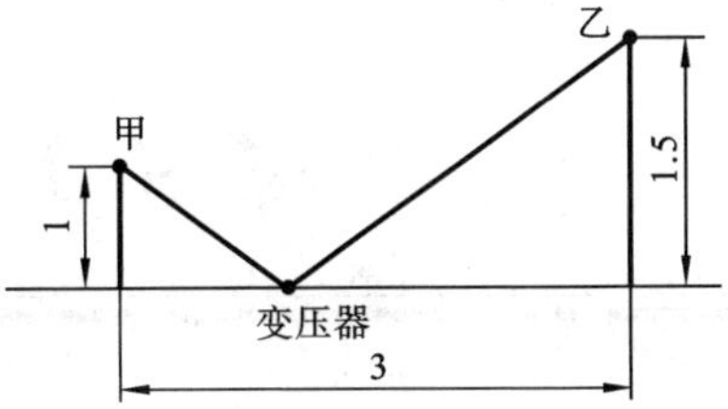

图 4-11

4. 从长为 12 cm，宽为 8 cm 的矩形纸板的四个角上剪去相同的小正方形，折成一个无盖的盒子，要使盒子的容积最大，剪去的小正方形的边长应为多少？

5. 某车间靠墙壁要盖一间面积为 64 m^2 的长方形小屋，而现有存砖只够砌 24 m 长的墙壁，问这些存砖是否足够围成一个小屋？

6. 甲舰位于乙舰东 75 海里，以每小时 12 海里的速度向西行驶，而乙舰则以每小时 6 海里的速度向北行驶，问经过多长时间两舰相距最近？

7. 要造一体积为 V 的圆柱形油罐，问底半径 r 和高 h 等于多少时，才能使用料最省？这时底直径与高的比是多少？

复 习 题 四

1. 求下列函数的单调区间：

(1) $y=2x^3-3x^2+12x+1$；

(2) $y=x-\frac{1}{2}\sin^2 x, x\in[0,2\pi]$.

2. 求下列函数的极值：

(1) $y=\frac{\ln^2 x}{x}$；　　(2) $y=\arctan x-\frac{1}{2}\ln(1+x^2)$；

(3) $y=2x-\ln(4x)^2$；　　(4) $y=\sqrt{x}\ln x$.

3. 求下列函数在指定区间上的最大值、最小值：

(1) $y=x+\cos x, [0,2\pi]$；

(2) $y=x^5-5x^4+5x^3+1, [-1,2]$.

4. 防空洞截面如图 4-12 所示，上部是半圆，下部是矩形，周长 15 m，问底宽为多少时截面积最大？

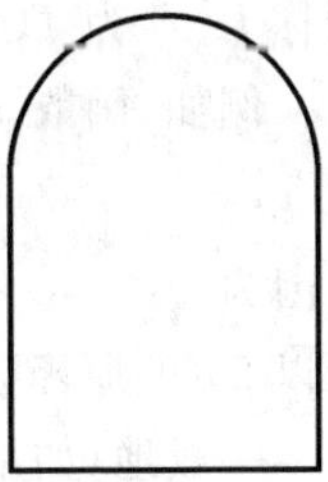

图 4-12

5. 要想建造一容积为 300 m^3 的无盖圆柱形贮水池，池底材料的价格为周围材料的价格的两倍，问如何选择底的半径和高，以使总的造价最低.

第5章　不定积分

与微分学一样，积分学在生产和科学技术中有着广泛的应用．积分学中有两个基本概念——不定积分和定积分．本章主要介绍不定积分的概念、性质和基本积分方法．不定积分在理论上是十分简明的，在运算上则有一定的难度，因为它对方法的灵活运用和解题经验都有较高的要求，为此，必须多读些例题，多做些习题，才能锻炼出应有的积分技能．

第1节　不定积分的概念

一、原函数

有许多实际问题，需要我们解决微分法的逆运算，就是由已知某函数的导数去求原来的函数．

例如，已知自由落体运动的速度为 $v(t)=gt$，求物体的运动规律（设运动开始时，物体在原点，即 $t=0$ 时，$s=0$）．这个问题就要从关系式 $s'(t)=gt$ 还原出函数 $s(t)$ 来．反着用导数公式易知：$s(t)=\frac{1}{2}gt^2$，这就是所求的运动规律．

一般地，就是已知某个函数的导数，如何求这个函数．为此，引入下述定义．

定义　设 $f(x)$ 是定义在区间的一个函数，若存在函数 $F(x)$，使得在这一区间的任一点 x 处都有

$$F'(x)=f(x) \quad 或 \quad \mathrm{d}F(x)=f(x)\mathrm{d}x,$$

则称 $F(x)$ 为 $f(x)$ 的一个原函数．

例如，函数 x^2 是函数 $2x$ 的一个原函数，因为

$$(x^2)'=2x \quad 或 \quad \mathrm{d}(x^2)=2x\mathrm{d}x,$$

又因为

$$(x^2+1)'=(x^2+2)'=(x^2-\sqrt{3})'=\cdots=2x,$$

所以 $2x$ 的原函数不是唯一的．

一般地，如果 $f(x)$ 存在原函数，那么它的原函数就不是唯一的，那么这些原函数之间有什么差异？能否写成统一的表达式呢？为此，有如下结论：

定理1（原函数族定理）　如果函数 $f(x)$ 有原函数，那么，它就有无穷多个原函

数,并且其中任意两个原函数的差是常数.

证 定理要求我们证明下列两点:

(1) $f(x)$的原函数有无穷多个.

设函数 $f(x)$的一个原函数为 $F(x)$,并设 C 为任意常数,因为

$$(F(x)+C)'=F'(x)=f(x),$$

所以,$F(x)+C$ 也是函数 $f(x)$的原函数.

由于 C 为任意常数,即 C 可取无穷多个值,从而函数 $f(x)$如果有原函数,它的原函数就必然有无穷多个.

(2) $f(x)$的任意两个原函数的差是常数.

设 $F(x)$和 $G(x)$都是 $f(x)$的原函数,根据原函数的定义,则有

$$F'(x)=f(x),\quad G'(x)=f(x),$$

于是有
$$[G(x)-F(x)]'=G'(x)-F'(x)=f(x)-f(x)=0.$$

因为导数恒为零的函数必为常数,所以

$$G(x)-F(x)=C\ (C\ \text{为常数}).$$

从以上定理可知:

如果 $F(x)$是 $f(x)$的一个原函数,则 $f(x)$的所有原函数就可写成 $F(x)+C$,其中 C 为任意常数,$F(x)+C$ 称为 $f(x)$的原函数族.

是不是任何一个函数都有原函数呢?下面的定理解决了这个问题.

定理 2(原函数存在定理) 如果函数 $f(x)$在闭区间$[a,b]$上是连续的,则函数 $f(x)$在该区间上的原函数必定存在(证明从略).

二、不定积分的定义

定义 函数 $f(x)$的全部原函数称为 $f(x)$的不定积分,记为

$$\int f(x)\mathrm{d}x,$$

其中,$\int$称为积分号,$f(x)$ 称为被积函数,$f(x)\mathrm{d}x$ 称为被积表达式,x 称为积分变量.

根据定义,如果 $F(x)$是 $f(x)$的一个原函数,那么,$f(x)$的不定积分 $\int f(x)\mathrm{d}x$ 就是原函数族 $F(x)+C$,即

$$\int f(x)\mathrm{d}x = F(x)+C.$$

为了简便起见,今后在不致发生混淆的情况下,不定积分也简称积分.

例 1 求下列不定积分:

(1) $\int x^2\mathrm{d}x$; (2) $\int \sin x\mathrm{d}x$; (3) $\int \frac{1}{x}\mathrm{d}x$.

解 (1) 因为$\left(\frac{1}{3}x^3\right)'=x^2$,所以

$$\int x^2\mathrm{d}x=\frac{1}{3}x^3+C.$$

(2) 因为$(-\cos x)'=\sin x$,所以

$$\int \sin x\mathrm{d}x=-\cos x+C.$$

(3) 因为当 $x>0$ 时,$(\ln x)'=\frac{1}{x}$;当 $x<0$ 时,$[\ln(-x)]'=\frac{-1}{-x}=\frac{1}{x}$,所以

$$\int \frac{1}{x}\mathrm{d}x=\ln|x|+C.$$

注意:求$\int f(x)\mathrm{d}x$ 时,切记结果中应有“$+C$”,否则求出的只是一个原函数,而不是不定积分.

由不定积分的定义知,积分运算是导数(或微分)运算的逆运算,即

(1) $\left[\int f(x)\mathrm{d}x\right]'=f(x)$,或 $\mathrm{d}\left[\int f(x)\mathrm{d}x\right]=f(x)\mathrm{d}x$;

(2) $\int F'(x)\mathrm{d}x=F(x)+C$,或$\int \mathrm{d}F(x)=F(x)+C$.

对这两个式子,要记熟、记准.

上面的性质表明,求导数与求不定积分互为逆运算,如果对函数 $f(x)$ 先求不定积分再求导数(或者微分),结果仍为 $f(x)$(或者 $f(x)\mathrm{d}x$);如果对函数 $F(x)$ 先求导数再求不定积分,那么,结果和 $F(x)$ 相差一个常数 C.

通常我们把一个原函数 $F(x)$ 的图象称为 $f(x)$ 的一条积分曲线,其方程为 $y=F(x)$,因此,不定积分$\int f(x)\mathrm{d}x$ 在几何上就表示全体积分曲线所组成的积分曲线族,它们的方程是 $y=F(x)+C$,其中,任何一条积分曲线可以由某一条积分曲线沿 y 轴向上或向下平移 $|C|$ 个单位得到.

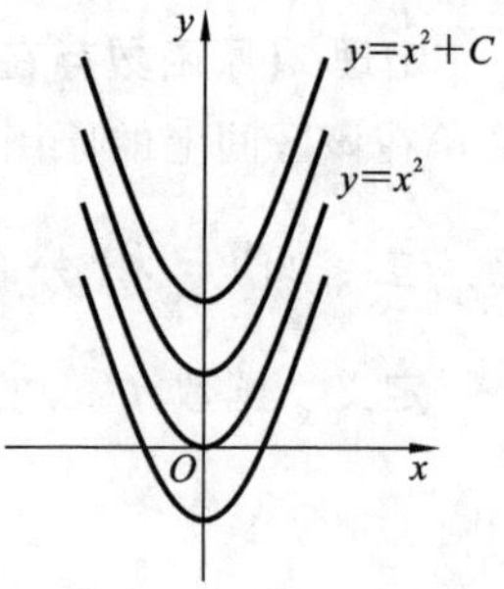

图 5-1

例如,和 $y=\int 2x\mathrm{d}x=x^2+C$ 对应的一族曲线如图 5-1 所示.

习题一

1. 用微分法验证下列各等式:

(1) $\int(3x^2+2x+2)\mathrm{d}x=x^3+x^2+2x+C$;

(2) $\int\cos^2 x\mathrm{d}x=\frac{1}{2}x+\frac{1}{4}\sin 2x+C$;

(3) $\int \frac{1}{\sin x}\mathrm{d}x = \ln\left|\tan\frac{x}{2}\right| + C$;

(4) $\int \sqrt{a^2 - x^2}\mathrm{d}x = \frac{a^2}{2}\arcsin\frac{x}{2} + \frac{x}{2}\sqrt{a^2 - x^2} + C$.

2. 判断下列式子对错：

(1) $\frac{\mathrm{d}}{\mathrm{d}x}\left[\int f(x)\mathrm{d}x\right] = f(x)$;　　(2) $\int f'(x)\mathrm{d}x = f(x)$;

(3) $\mathrm{d}\left[\int f(x)\mathrm{d}x\right] = f(x)$.

3. 证明曲线 $y=x^3+x+2$ 在点(x,y)处的切线斜率为 $k=3x^2+1$，并求一条曲线，使该曲线在点(x,y)处的斜率为 $k=3x^2+1$，且过点$(0,0)$.

4. 设物体的运动速度为 $v=\cos t$（米/秒），当 $t=\frac{\pi}{2}$（秒）时，物体所经过的路程 $s=10$（米），求物体的运动规律.

第2节　不定积分的基本公式和性质　直接积分法

一、积分基本公式

由于求不定积分是求导数的逆运算，因此我们可以从导数公式得到相应的不定积分公式. 例如，由于

$$\left(\frac{x^{\mu+1}}{\mu+1}\right)' = x^{\mu} \quad (\mu \neq -1),$$

我们得到不定积分公式

$$\int x^{\mu}\mathrm{d}x = \frac{1}{\mu+1}x^{\mu+1} + C \quad (\mu \neq -1).$$

类似地，可以得到其它的不定积分公式，如下所示（基本积分公式）：

(1) $\int k\mathrm{d}x = kx + C$　（k 为常数）；

(2) $\int x^{\mu}\mathrm{d}x = \frac{1}{\mu+1}x^{\mu+1} + C$　$(\mu \neq -1)$；

(3) $\int \frac{1}{x}\mathrm{d}x = \ln|x| + C$;

(4) $\int \mathrm{e}^x\mathrm{d}x = \mathrm{e}^x + C$;

(5) $\int a^x\mathrm{d}x = \frac{a^x}{\ln a} + C$;

(6) $\int \cos x\mathrm{d}x = \sin x + C$;

(7) $\int \sin x \mathrm{d}x = -\cos x + C$；

(8) $\int \frac{1}{\cos^2 x}\mathrm{d}x = \int \sec^2 x \mathrm{d}x = \tan x + C$；

(9) $\int \frac{1}{\sin^2 x}\mathrm{d}x = \int \csc^2 x \mathrm{d}x = -\cot x + C$；

(10) $\int \sec x \tan x \mathrm{d}x = \sec x + C$；

(11) $\int \csc x \cot x \mathrm{d}x = -\csc x + C$；

(12) $\int \frac{1}{1+x^2}\mathrm{d}x = \arctan x + C$；

(13) $\int \frac{1}{\sqrt{1-x^2}}\mathrm{d}x = \arcsin x + C$.

以上13个公式是积分法的基础，必须熟记，不仅要记住右端的结果，还要熟悉左端被积函数的形式.

例1 求下列不定积分：

(1) $\int \frac{1}{x^2}\mathrm{d}x$；　　(2) $\int x\sqrt{x}\mathrm{d}x$；　　(3) $\int 2^x \mathrm{d}x$.

解 (1) $\int \frac{1}{x^2}\mathrm{d}x = \int x^{-2}\mathrm{d}x = \frac{x^{-2+1}}{-2+1} + C = -\frac{1}{x} + C$.

(2) $\int x\sqrt{x}\mathrm{d}x = \int x^{\frac{3}{2}}\mathrm{d}x = \frac{2}{5}x^{\frac{5}{2}} + C$.

(3) $\int 2^x \mathrm{d}x = \frac{2^x}{\ln 2} + C$.

二、不定积分的性质

根据不定积分的定义，可以推出如下两个性质：

性质1 设函数 $f(x)$ 及 $g(x)$ 的原函数存在，则

$$\int [f(x) \pm g(x)]\mathrm{d}x = \int f(x)\mathrm{d}x + \int g(x)\mathrm{d}x.$$

性质1对于有限个函数也是成立的.

性质2 设函数 $f(x)$ 的原函数存在，k 为非零常数，则

$$\int kf(x)\mathrm{d}x = k\int f(x)\mathrm{d}x.$$

例2 求 $\int (2x^3 + 1 - \mathrm{e}^x)\mathrm{d}x$.

解 $\int (2x^3 + 1 - \mathrm{e}^x)\mathrm{d}x = 2 \cdot \frac{1}{4}x^4 + x - \mathrm{e}^x + C = \frac{1}{2}x^4 + x - \mathrm{e}^x + C$.

例 3 求$\int\left(\sin x-5\cdot\frac{1}{x}-3^x\right)dx$.

解 $\int\left(\sin x-5\cdot\frac{1}{x}-3^x\right)dx=-\cos x-5\ln|x|-\frac{3^x}{\ln 3}+C$.

注意:在分项积分后,不必每一个积分结果都"$+C$",只要在总的结果中加一个C就行了.这是因为几个任意常数之和还是任意常数.

三、直接积分法

在求不定积分的问题中,有时可以直接利用积分公式求出结果,或者只需对被积函数作简单的变形,再直接运用不定积分的性质与基本积分公式就能得出结果,这样的积分方法称为直接积分法.

例 4 求$\int(x^2+2)x\,dx$.

解 $\int(x^2+2)x\,dx=\int(x^3+2x)dx=\frac{1}{4}x^4+x^2+C$.

例 5 求$\int\left(\frac{x+2}{x}\right)^2dx$.

解
$$\int\left(\frac{x+2}{x}\right)^2dx=\int\left(1+\frac{2}{x}\right)^2dx=\int\left(1+\frac{4}{x}+\frac{4}{x^2}\right)dx$$
$$=x+4\ln|x|-\frac{4}{x}+C.$$

例 6 求$\int\frac{x^2-1}{x^2+1}dx$.

解
$$\int\frac{x^2-1}{x^2+1}dx=\int\frac{x^2+1-2}{x^2+1}dx=\int\left(1-\frac{2}{x^2+1}\right)dx$$
$$=\int dx-2\int\frac{1}{x^2+1}dx=x-2\arctan x+C.$$

例 5、例 6 的解题思路——设法化被积函数为和式,然后再逐项积分,这是一种重要的解题方法,例 7 仍如此,不过它实现"化和"是利用三角式的恒等变换.

例 7 求下列不定积分:

(1) $\int\tan^2x\,dx$;　　(2) $\int\sin^2\frac{x}{2}dx$.

解 (1) $\int\tan^2x\,dx=\int(\sec^2x-1)dx=\int\sec^2x\,dx-\int dx=\tan x-x+C$.

(2) $\int\sin^2\frac{x}{2}dx=\int\frac{1-\cos x}{2}dx=\frac{1}{2}x-\frac{1}{2}\sin x+C$.

习题二

1. 求下列各不定积分:

(1) $\int(ax^2+bx+c)\mathrm{d}x$； (2) $\int\frac{\mathrm{d}x}{x^2\sqrt{x}}$；

(3) $\int(\sqrt{x}-x)^2\mathrm{d}x$； (4) $\int\sec x(\sec x-\tan x)\mathrm{d}x$；

(5) $\int\frac{\sin 2x}{\sin x}\mathrm{d}x$； (6) $\int\frac{x^2}{x^2+1}\mathrm{d}x$.

2. 一物体由静止开始作直线运动，在 t 秒末的速度是 $3t^2$（米/秒），问需要多少时间走完 360 米？

3. 已知某函数的导数是 $(x-3)$，又已知当 $x=2$ 时，函数的值等于 9，求此函数.

4. 已知某曲线经过点 $(1,-5)$，并且曲线上每一点切线的斜率 $k=1-x$，求此曲线的方程.

第 3 节　第一类换元积分法

利用直接积分法，只能求出一些简单的积分，对于比较复杂的积分，我们总是设法把它变形，使其成为能利用基本积分公式的形式再求出积分. 本节介绍第一类换元积分法.

为了说明这种方法，我们先看下面的例子.

例 1　求 $\int(3x-1)^{10}\mathrm{d}x$.

如果我们求 $\int(3x-1)^2\mathrm{d}x$，可以把被积分函数 $(3x-1)^2$ 展开，然后再来求，但 $(3x-1)^{10}$ 展开是比较复杂的，有些情况利用展开分项求积分甚至是不可能的. 因此我们必须寻求一种新的求积分方法.

解　这里如果我们令 $3x-1=u$，则

$$x=\frac{1}{3}(u+1),\quad \mathrm{d}x=\frac{1}{3}\mathrm{d}(u+1)=\frac{1}{3}\mathrm{d}u,$$

于是

$$\int(3x-1)^{10}\mathrm{d}x=\int u^{10}\ \frac{1}{3}\mathrm{d}u=\frac{1}{3}\int u^{10}\mathrm{d}u=\frac{1}{33}u^{11}+C$$

$$\xlongequal{\text{回代 } u=3x-1}\frac{1}{33}(3x-1)^{11}+C.$$

直接验证得知，计算结果正确.

例 2　求 $\int\mathrm{e}^{3x}\mathrm{d}x$.

解　被积函数 e^{3x} 是复合函数，不能直接套用 $\int\mathrm{e}^x\mathrm{d}x$ 的公式，我们可以把原积分作如下变形后计算：

$$\int e^{3x}dx = \frac{1}{3}\int e^{3x}d(3x) \xlongequal{\text{令 } u=3x} \frac{1}{3}\int e^{u}du$$

$$= \frac{1}{3}e^{u} + C \xlongequal{\text{回代 } u=3x} \frac{1}{3}e^{3x} + C.$$

从以上的例子我们看到,求不定积分时可先把不定积分变形为如下形式:

$$\int f(\varphi(x))d(\varphi(x)).$$

作变量代换,令 $\varphi(x)=u$,于是

$$\int f[\varphi(x)]d[\varphi(x)] = \int f(u)du.$$

如果 $\int f(u)du$ 可用基本积分公式求得,即

$$\int f(u)du = F(u) + C,$$

用关系式 $u=\varphi(x)$ 将变量 u 换成原来的变量 x,那么,所求的不定积分就是

$$\int f(\varphi(x))\varphi'(x)dx = F(\varphi(x)) + C.$$

这种先"凑"微分式,再作变量代换的方法称为第一类换元积分法,也称为凑微分法.

例 3 求 $\int \cos 3x dx$.

解 $$\int \cos 3x dx = \frac{1}{3}\int \cos 3x d(3x) \xlongequal{\text{令 } 3x=u} \frac{1}{3}\int \cos u du$$

$$= \frac{1}{3}\sin u + C \xlongequal{\text{回代 } u=3x} \frac{1}{3}\sin 3x + C.$$

例 4 求 $\int 2xe^{x^2}dx$.

解 $$\int 2xe^{x^2}dx = \int e^{x^2}d(x^2) \xlongequal{\text{令 } x^2=u} \int e^{u}du$$

$$= e^{u} + C \xlongequal{\text{回代 } u=x^2} e^{x^2} + C.$$

从上面的例题可以看出,用第一类换元积分法计算积分时通常分为四步:

(1) 凑微分 把被积表达式凑成两部分,一部分为 $\varphi(x)$ 的函数 $f(\varphi(x))$,另一部分为 $d\varphi(x)$,即

$$f(\varphi(x))\varphi'(x)dx = f(\varphi(x))d\varphi(x);$$

(2) 换元 令 $\varphi(x)=u$,则将对 x 的积分换为对 u 的积分,即

$$\int f(\varphi(x))d\varphi(x) = \int f(u)du;$$

(3) 积分　按新变量根据积分公式得出结果，即

$$\int f(u)\mathrm{d}u = F(u) + C;$$

(4) 回代　将 $u=\varphi(x)$ 代回积分结果，即

$$\int f(\varphi(x))\mathrm{d}\varphi(x) = F(\varphi(x)) + C.$$

以上方法运用时的难点在于原题并未指明应该把哪一部分变成 $\mathrm{d}\varphi(x)$，这需要通过大量的练习来积累经验，如果熟记以下一些微分式，会给我们解题以启示.

$\mathrm{d}x=\frac{1}{a}\mathrm{d}(ax\pm b)$；　　$x\mathrm{d}x=\frac{1}{2}\mathrm{d}(x^2)$；

$\frac{\mathrm{d}x}{\sqrt{x}}=2\mathrm{d}(\sqrt{x})$；　　$\mathrm{e}^x\mathrm{d}x=\mathrm{d}(\mathrm{e}^x)$；

$\frac{1}{x}\mathrm{d}x=\mathrm{d}(\ln|x|)$；　　$\sin x\mathrm{d}x=-\mathrm{d}(\cos x)$；

$\cos x\mathrm{d}x=\mathrm{d}(\sin x)$；　　$\sec^2 x\mathrm{d}x=\mathrm{d}(\tan x)$；

$\csc^2 x\mathrm{d}x=-\mathrm{d}(\cot x)$；　　$\frac{1}{\sqrt{1-x^2}}\mathrm{d}x=\mathrm{d}(\arcsin x)$；

$\frac{1}{1+x^2}\mathrm{d}x=\mathrm{d}(\arctan x)$

…

例 5　求 $\int\frac{\sin(\sqrt{x}+1)}{\sqrt{x}}\mathrm{d}x$.

解　
$$\int\frac{\sin(\sqrt{x}+1)}{\sqrt{x}}\mathrm{d}x = 2\int\sin(\sqrt{x}+1)\mathrm{d}(\sqrt{x}) = 2\int\sin(\sqrt{x}+1)\mathrm{d}(\sqrt{x}+1)$$

$$\xlongequal{\text{令}\sqrt{x}+1=u} 2\int\sin u\mathrm{d}u = -2\cos u + C$$

$$\xlongequal{\text{回代 } u=\sqrt{x}+1} -2\cos(\sqrt{x}+1) + C.$$

当方法运用较熟练后，换元 $\varphi(x)=u$ 和回代 $u=\varphi(x)$ 这两个步骤可省略，直接凑微分成积分公式的形式得出结果.

例 6　求下列不定积分：

(1) $\int\frac{\mathrm{d}x}{a^2+x^2}$；　　(2) $\int\tan x\mathrm{d}x$；　　(3) $\int\sec x\mathrm{d}x$.

解　(1) $\int\frac{\mathrm{d}x}{a^2+x^2} = \frac{1}{a^2}\int\frac{\mathrm{d}x}{1+\left(\frac{x}{a}\right)^2} = \frac{1}{a}\int\frac{\mathrm{d}\left(\frac{x}{a}\right)}{1+\left(\frac{x}{a}\right)^2} = \frac{1}{a}\arctan\frac{x}{a} + C.$

类似地，可得

$$\int \frac{\mathrm{d}x}{\sqrt{a^2-x^2}} = \arcsin\frac{x}{a} + C \quad (a>0).$$

(2) $\int \tan x \mathrm{d}x = \int \frac{\sin x}{\cos x}\mathrm{d}x = -\int \frac{\mathrm{d}(\cos x)}{\cos x} = -\ln|\cos x| + C.$

类似地,可得

$$\int \cot x \mathrm{d}x = \ln|\sin x| + C.$$

(3) $\int \sec x \mathrm{d}x = \int \frac{\sec x(\sec x + \tan x)}{\sec x + \tan x}\mathrm{d}x = \int \frac{\sec^2 x + \sec x \tan x}{\sec x + \tan x}\mathrm{d}x$

$$= \int \frac{1}{\tan x + \sec x}\mathrm{d}(\tan x + \sec x) = \ln|\sec x + \tan x| + C.$$

类似地,可得

$$\int \csc x \mathrm{d}x = \ln|\csc x - \cot x| + C.$$

例 7 求下列积分:

(1) $\int \sin^2 x \mathrm{d}x$;　　(2) $\int \sin 5x \cos x \mathrm{d}x$.

解 本题积分前,需先进行三角恒等变换,对被积函数作适当变形.

(1) $\int \sin^2 x \mathrm{d}x = \int \frac{1-\cos 2x}{2}\mathrm{d}x = \frac{1}{2}\int \mathrm{d}x - \frac{1}{2}\int \cos 2x \mathrm{d}x$

$$= \frac{1}{2}x - \frac{1}{4}\int \cos 2x \mathrm{d}(2x) = \frac{1}{2}x - \frac{1}{4}\sin 2x + C.$$

(2) $\int \sin 5x \cos x \mathrm{d}x = \frac{1}{2}\int (\sin 6x + \sin 4x)\mathrm{d}x$ (积化和差)

$$= \frac{1}{2}\left(\int \sin 6x \mathrm{d}x + \int \sin 4x \mathrm{d}x\right)$$

$$= \frac{1}{2}\left[\frac{1}{6}\int \sin 6x \mathrm{d}(6x) + \frac{1}{4}\int \sin 4x \mathrm{d}(4x)\right]$$

$$= -\frac{1}{12}\cos 6x - \frac{1}{8}\cos 4x + C.$$

习题三

1. 判断正误:

(1) $\int \sin 2x \mathrm{d}x = -\cos 2x + C$;　　(　　)

(2) 因为 $f'(2x) = \varphi(x)$,所以 $\int \varphi(x)\mathrm{d}x = \frac{1}{2}f(2x) + C$;　　(　　)

(3) $\left[\int f(x)\mathrm{d}x\right]' = f(x)$;　　(　　)

(4) $\int \mathrm{d}F(x) = F(x)$.　(　　)

2. 填空：

(1) $\mathrm{d}x=($　　　　$)\mathrm{d}(5x-7)$；

(2) $x^2\mathrm{d}x=($　　　　$)\mathrm{d}(3-2x^3)$；

(3) $\mathrm{e}^{-\frac{x}{2}}\mathrm{d}x=($　　　　$)\mathrm{d}(1+\mathrm{e}^{-\frac{x}{2}})$；

(4) $\cos\frac{2}{3}x\mathrm{d}x=($　　　　$)\mathrm{d}\left(\sin\frac{2}{3}x\right)$.

3. 求下列各不定积分：

(1) $\int(1-2x)^{10}\mathrm{d}x$；　(2) $\int\sin(2x-3)\mathrm{d}x$；

(3) $\int(x^2-3x+2)^3(2x-3)\mathrm{d}x$；　(4) $\int\mathrm{e}^{-3x}\mathrm{d}x$；

(5) $\int\frac{x}{\sqrt{x^2-2}}\mathrm{d}x$；　(6) $\int\frac{\sin x}{\cos^2 x}\mathrm{d}x$；

(7) $\int\frac{x^2}{(a^2+x^3)^{\frac{1}{2}}}\mathrm{d}x$；　(8) $\int\frac{\mathrm{d}x}{x\ln^2 x}$；

(9) $\int\cot x\mathrm{d}x$；　(10) $\int\frac{1}{1-2x}\mathrm{d}x$；

(11) $\int x\cos(a+bx^2)\mathrm{d}x$；　(12) $\int x^2\sin 3x^3\mathrm{d}x$；

(13) $\int x\mathrm{e}^{x^2}\mathrm{d}x$；　(14) $\int\mathrm{e}^{\sin x}\cos x\mathrm{d}x$.

第 4 节　第二类换元积分法

第一类换元积分法是选择新的积分变量为 $u=\varphi(x)$，但对有些被积函数则需要作相反方式的换元，即令 $x=\phi(t)$，于是 $\mathrm{d}x=\phi'(t)\mathrm{d}t$，从而

$$\int f(x)\mathrm{d}x=\int f(\phi(t))\phi'(t)\mathrm{d}t.$$

在求出等式右边的不定积分后，再换回原变量即得所求结果. 这种方法叫做第二类换元积分法. 本节主要讨论第二类换元积分法的两种常用方法：根式换元法和三角换元法.

一、根式换元法

对于被积函数含有根式的不定积分，用第二类换元积分法，引入适当的变量替换去掉根式，这种方法通常称为根式换元法.

例 1 求$\int \frac{\mathrm{d}x}{1+\sqrt{x}}$.

解 设$\sqrt{x}=t$,则 $x=t^2(t\geqslant 0)$,$\mathrm{d}x=2t\mathrm{d}t$,于是

$$\int \frac{\mathrm{d}x}{1+\sqrt{x}} = \int \frac{2t}{1+t}\mathrm{d}t = 2\int \frac{1+t-1}{1+t}\mathrm{d}t = 2\left[\int \mathrm{d}t - \int \frac{1}{1+t}\mathrm{d}t\right]$$
$$= 2[t-\ln(1+t)]+C,$$

回代 $t=\sqrt{x}$,得

$$\int \frac{\mathrm{d}x}{1+\sqrt{x}} = 2[\sqrt{x}-\ln(1+\sqrt{x})]+C.$$

例 2 求$\int \frac{x+1}{\sqrt[3]{3x+1}}\mathrm{d}x$.

解 令$\sqrt[3]{3x+1}=t$,则 $x=\frac{1}{3}(t^3-1)$,$\mathrm{d}x=t^2\mathrm{d}t$,于是

$$\int \frac{x+1}{\sqrt[3]{3x+1}}\mathrm{d}x = \frac{1}{3}\int (t^4+2t)\mathrm{d}t = \frac{1}{15}t^5 + \frac{1}{3}t^2 + C = \frac{t^2}{15}(t^3+5)+C.$$

回代 $t=\sqrt[3]{3x+1}$,得

$$\int \frac{x+1}{\sqrt[3]{3x+1}}\mathrm{d}x = \frac{1}{15}(\sqrt[3]{(3x+1)^2})\cdot(3x+1+5)+C$$
$$= \frac{1}{5}(x+2)\sqrt[3]{(3x+1)^2}+C.$$

二、三角换元法

对于含有根式$\sqrt{a^2-x^2}$、$\sqrt{x^2\pm a^2}$的被积函数,如果用第一种方法(令$\sqrt{a^2-x^2}=t$)不能消去根号,一般常用三角公式作代换而消去根号,这种方法通常称为三角换元法.

例 3 求$\int \sqrt{a^2-x^2}\mathrm{d}x\quad (a>0)$.

解 令 $x=a\sin t\left(-\frac{\pi}{2}\leqslant t\leqslant \frac{\pi}{2}\right)$,那么

$$\sqrt{a^2-x^2}=\sqrt{a^2-a^2\sin^2 t}=a\cos t,\quad \mathrm{d}x=a\cos t\mathrm{d}t,$$

于是

$$\int \sqrt{a^2-x^2}\mathrm{d}x = \int a\cos t\cdot a\cos t\mathrm{d}t = a^2\int \cos^2 t\mathrm{d}t$$
$$= a^2\int \frac{1+\cos 2t}{2}\mathrm{d}t = \frac{a^2}{2}t+\frac{a^2}{4}\sin 2t+C.$$

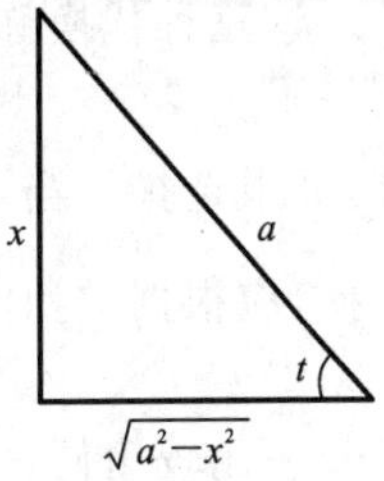

图 5-2

因为 $x=a\sin t$,所以 $\sin t=\frac{x}{a}$,且 $t=\arcsin\frac{x}{a}$. 作辅助三角形如图 5-2 所示. 故

$$\cos t=\frac{\sqrt{a^2-x^2}}{a},\quad \sin 2t=2\sin t\cos t=\frac{2}{a^2}x\sqrt{a^2-x^2}.$$

于是

$$\int\sqrt{a^2-x^2}\,\mathrm{d}x=\frac{a^2}{2}\arcsin\frac{x}{a}+\frac{x}{2}\sqrt{a^2-x^2}+C.$$

例 4 求 $\int\frac{\mathrm{d}x}{\sqrt{x^2+a^2}}\ (a>0)$.

解 和上例类似，我们令 $x=a\tan t\ \left(-\frac{\pi}{2}<t<\frac{\pi}{2}\right)$，则

$$\sqrt{x^2+a^2}=\sqrt{a^2\tan^2 t+a^2}=a\sqrt{1+\tan^2 t}=a\sec t,\quad \mathrm{d}x=a\sec^2 t\mathrm{d}t,$$

于是

$$\int\frac{\mathrm{d}x}{\sqrt{x^2+a^2}}=\int\frac{a\sec^2 t}{a\sec t}\mathrm{d}t=\int\sec t\mathrm{d}t,$$

由上节例 6 的结果，得

$$\int\frac{\mathrm{d}x}{\sqrt{x^2+a^2}}=\ln|\sec t+\tan t|+C_1.$$

因为 $x=a\tan t$，所以 $\tan t=\frac{x}{a}$，作辅助三角形如图 5-3 所示，故

$$\sec t=\frac{\sqrt{x^2+a^2}}{a}.$$

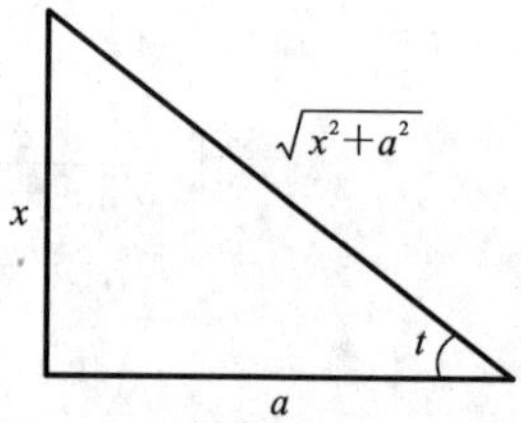

图 5-3

于是

$$\int\frac{\mathrm{d}x}{\sqrt{x^2+a^2}}=\ln(\sqrt{x^2+a^2}+x)+C,$$

其中，$C=C_1-\ln a$.

一般地，当被积函数含有

① $\sqrt{a^2-x^2}$，可作代换 $x=a\sin t$ 或 $x=a\cos t$；

② $\sqrt{x^2+a^2}$，可作代换 $x=a\tan t$；

③ $\sqrt{x^2-a^2}$，可作代换 $x=a\sec t$.

这三种代换称为三角代换.

无论是第一类换元积分法还是第二类换元积分法，选择适当的变量代换是个关键，如果选择不当，就可能引起计算上的麻烦或者根本求不出积分，但究竟如何选择代换，应根据被积函数具体情况进行分析，熟能生巧. 例如 $\int\frac{\mathrm{d}x}{\sqrt{a^2-x^2}}$ 用第一类换元积分法比较简便，但 $\int\sqrt{a^2-x^2}\mathrm{d}x$ 却要用三角代换，而 $\int x\sqrt{x^2-a^2}\mathrm{d}x$ 就不必用三角代换，而用第一类换元积分法更加方便.

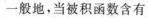

在上一节和本节例题中，有一些积分是以后经常遇到的，所以，也作为基本公式列在下面，连同前面的积分基本公式共二十一个，要求读者都能熟记.

(14) $\int \tan x \mathrm{d}x = -\ln|\cos x| + C$;

(15) $\int \cot x \mathrm{d}x = \ln|\sin x| + C$;

(16) $\int \sec x \mathrm{d}x = \ln|\sec x + \tan x| + C$;

(17) $\int \csc x \mathrm{d}x = \ln|\csc x - \cot x| + C$;

(18) $\int \frac{\mathrm{d}x}{\sqrt{a^2 + x^2}} = \frac{1}{a}\arctan\frac{x}{a} + C$;

(19) $\int \frac{\mathrm{d}x}{\sqrt{x^2 - a^2}} = \frac{1}{2a}\ln\left|\frac{x-a}{x+a}\right| + C$;

(20) $\int \frac{\mathrm{d}x}{\sqrt{a^2 - x^2}} = \arcsin\frac{x}{a} + C$;

(21) $\int \frac{\mathrm{d}x}{\sqrt{x^2 \pm a^2}} = \ln|x + \sqrt{x^2 \pm a^2}| + C$.

习题四

1. 求下列各不定积分：

(1) $\int \frac{\mathrm{d}x}{1 + \sqrt{2x}}$;

(2) $\int \frac{\mathrm{d}x}{x\sqrt{x+1}}$;

(3) $\int \frac{\mathrm{d}x}{\sqrt{ax+b} + m}$;

(4) $\int \frac{\sqrt{x+1} - 1}{\sqrt{x+1} + 1}\mathrm{d}x$;

(5) $\int \frac{\mathrm{d}x}{\sqrt{1 + \mathrm{e}^{2x}}}$;

(6) $\int \frac{x^2}{\sqrt{9 - x^2}}\mathrm{d}x$;

(7) $\int \frac{\mathrm{d}x}{\sqrt{(x^2+1)^3}}$;

(8) $\int \sqrt{1 - 4x^2}\mathrm{d}x$;

(9) $\int \frac{1}{\sqrt{1 - 2x - x^2}}\mathrm{d}x$;

(10) $\int \frac{\mathrm{e}^x + 1}{\mathrm{e}^x - 1}\mathrm{d}x$.

2. 分别用第一类换元积分法及第二类换元积分法计算下列各题：

(1) $\int \frac{\mathrm{d}x}{\sqrt{1 + 2x}}$;

(2) $\int \frac{\mathrm{d}x}{\sqrt{x}(1 + x)}$;

(3) $\int \frac{x\mathrm{d}x}{\sqrt{a^2 + x^2}}\ (a > 0)$;

(4) $\int \frac{x\mathrm{d}x}{(1 + x^2)^2}$.

第5节　分部积分法

当被积函数是两种不同类型函数的乘积时,往往需要用下面所讲的分部积分法来解决.

我们设函数 $u=u(x)$,$v=v(x)$具有连续导数,根据乘法的微分法则,有

$$d(uv)=udv+vdu,$$

移项得

$$udv=d(uv)-vdu,$$

两边积分,得

$$\int udv=uv-\int vdu.$$

这个公式称为分部积分公式,它可以将求 $\int udv$ 的积分问题转化为求 $\int vdu$ 的积分,当后面这个积分较容易求时,分部积分公式就起到了化难为易的作用.运用分部积分公式将 $\int udv$ 转化成 $\int vdu$ 的方法称为分部积分法.

例1　求 $\int x\cos x dx$.

解　设 $u=x$,$dv=\cos x dx$,则 $du=dx$,$v=\sin x$.代入分部积分公式,得

$$\int x\cos x dx=\int x d(\sin x)=x\sin x-\int \sin x dx=x\sin x+\cos x+C.$$

例2　求 $\int x\ln x dx$.

解　设 $u=\ln x$,$dv=xdx$,则

$$\begin{aligned}\int x\ln x dx&=\int \ln x d\left(\frac{x^2}{2}\right)=\frac{1}{2}x^2\ln x-\int\frac{x^2}{2}d(\ln x)\\&=\frac{1}{2}x^2\ln x-\frac{1}{2}\int x dx=\frac{x^2}{2}\ln x-\frac{1}{4}x^2+C.\end{aligned}$$

例3　求 $\int xe^x dx$.

解　设 $u=x$,$dv=e^x dx$,则

$$\int xe^x dx=\int x d(e^x)=xe^x-\int e^x dx=xe^x-e^x+C.$$

注意:本题若设 $u=e^x$,$dv=xdx$,则

$$\int xe^x dx=\frac{1}{2}x^2e^x-\frac{1}{2}\int e^x x^2 dx$$

此时得到的积分 $\int e^x x^2 dx$ 比原来更难求.由此说明,如果 u 和 dv 选取不当,就求不出

积分结果，所以运用分部积分法关键是恰当地选择好 u 和 $\mathrm{d}v$. 一般要考虑下面两点：

(1) v 要容易求得；

(2) $\int v\mathrm{d}u$ 要比 $\int u\mathrm{d}v$ 容易积出.

例 4 求 $\int x^2\sin x\mathrm{d}x$.

解 $\int x^2\sin x\mathrm{d}x = \int x^2\mathrm{d}(-\cos x) = -x^2\cos x + 2\int x\cos x\mathrm{d}x$,

又由例 1，得

$$2\int x\cos x\mathrm{d}x = 2x\sin x + 2\cos x + C.$$

所以

$$\int x^2\sin x\mathrm{d}x = -x^2\cos x + 2x\sin x + 2\cos x + C.$$

当熟悉分部积分法后，u，$\mathrm{d}v$ 及 v，$\mathrm{d}u$，可心算完成，不必具体写出. 从例 4 可以看出有些需要多次使用分部积分法才能求出结果. 下面的例题又是一种情况，运用两次分部积分法后，出现了“循环现象”，这时采用解方程的方法，最后才得出结果.

例 5 求 $\int \mathrm{e}^x\cos x\mathrm{d}x$.

解

$$\begin{aligned}\int \mathrm{e}^x\cos x\mathrm{d}x &= \int \cos x\mathrm{d}(\mathrm{e}^x) = \mathrm{e}^x\cos x + \int \mathrm{e}^x\sin x\mathrm{d}x \\ &= \mathrm{e}^x\cos x + \int \sin x\mathrm{d}(\mathrm{e}^x) \\ &= \mathrm{e}^x\cos x + \mathrm{e}^x\sin x - \int \mathrm{e}^x\cos x\mathrm{d}x,\end{aligned}$$

移项，合并得

$$2\int \mathrm{e}^x\cos x\mathrm{d}x = \mathrm{e}^x(\cos x + \sin x) + C_1.$$

因为上述等式右端已没有积分号，故需加上任意常数 C_1. 故

$$\int \mathrm{e}^x\cos x\mathrm{d}x = \frac{1}{2}\mathrm{e}^x(\cos x + \sin x) + C \quad \left(C = \frac{1}{2}C_1\right).$$

综上所述，下列几种类型积分可采用分部积分法求解，且 u，$\mathrm{d}v$ 的设法有规律可循.

(1) $\int x^n\mathrm{e}^{ax}\mathrm{d}x$，$\int x^n\sin x\mathrm{d}x$，$\int x^n\cos x\mathrm{d}x$，可设 $u = x^n$；

(2) $\int x^n\ln x\mathrm{d}x$，$\int x^n\arcsin x\mathrm{d}x$，$\int x^n\arccos x\mathrm{d}x$，可设 $u = \ln x, \arcsin x, \arccos x$；

(3) $\int \mathrm{e}^{ax}\sin bx\mathrm{d}x$，$\int \mathrm{e}^{ax}\cos bx\mathrm{d}x$，可设 $u = \sin bx, \cos bx$.

习题五

求下列各不定积分：

(1) $\int x\sin x\mathrm{d}x$；

(2) $\int \mathrm{e}^x\sin x\mathrm{d}x$；

(3) $\int \arccos x\mathrm{d}x$；

(4) $\int \mathrm{e}^x\sin 2x\mathrm{d}x$；

(5) $\int x^2\ln x\mathrm{d}x$；

(6) $\int x\cos\frac{x}{2}\mathrm{d}x$；

(7) $\int \ln(1+x^2)\mathrm{d}x$；

(8) $\int \mathrm{e}^{2x}\cos 3x\mathrm{d}x$；

(9) $\int \mathrm{e}^{\sqrt{x}}\mathrm{d}x$；

(10) $\int \ln^2 x\mathrm{d}x$.

复习题五

1. 求出下列不定积分：

(1) $\int \frac{\sqrt{x}+x}{x^2}\mathrm{d}x$；

(2) $\int \left(\frac{2}{x}+\frac{x}{3}\right)^2\mathrm{d}x$；

(3) $\int \frac{\mathrm{d}x}{x^2\sqrt{x}}$；

(4) $\int \tan^2 x\mathrm{d}x$；

(5) $\int \frac{\ln x}{2x}\mathrm{d}x$；

(6) $\int \frac{1}{2\sqrt{1+x}}\mathrm{d}x$；

(7) $\int x\mathrm{e}^{-x^2}\mathrm{d}x$；

(8) $\int x\sqrt{1-x^2}\mathrm{d}x$；

(9) $\int \cos^3 x\mathrm{d}x$；

(10) $\int \frac{x^3-2x^2}{x^2+9}\mathrm{d}x$；

(11) $\int x\ln x\mathrm{d}x$；

(12) $\int \frac{\sin 2x}{1+\sin^2 x}\mathrm{d}x$.

2. 某曲线在任一点的切线斜率等于该点横坐标的倒数，且通过点$(\mathrm{e}^2,3)$，求该曲线方程.

3. 设某函数当$x=0$时有极大值，当$x=1$时有极小值-1，又知道这个函数的导数形如$y'=x^2+bx+c$，求此函数.

第6章　定积分及其应用

前面我们研究了积分学的第一类问题，即已知函数的导数求原函数族的问题，本章讨论积分学的第二类问题——定积分. 定积分是一种特定形式的和式的极限. 许多自然科学和经济学等方面的问题都可归结为这种形式的和式极限，它的应用非常广泛，是整个高等数学最重要的篇章之一.

本章在分析典型实例的基础上，引出定积分的概念，进而讨论定积分的性质、计算方法以及在几何、物理上的一些简单应用.

第1节　定积分的概念

一、定积分的实际背景

1. 曲边梯形的面积

我们已经知道了一些规则图形(如矩形、梯形、圆等)面积的计算方法，但对不规则图形的面积我们仍不会计算，下面我们先来讨论平面图形中最基本的一种图形——曲边梯形.

所谓曲边梯形是指它的三条边是直线段，其中的两条线段垂直于第三线段，而它的第四条边是曲线的平面图形，如图 6-1 所示. 如果我们会计算曲边梯形的面积，那么我们也就会求任意曲线所围成的图形面积了. 这一点可以从图 6-2 中清楚地看出，$A=A_1-A_2$，其中 A_1 是曲边梯形 $CMPNB$ 的面积，A_2 是曲边梯形 $CMQNB$ 的面积.

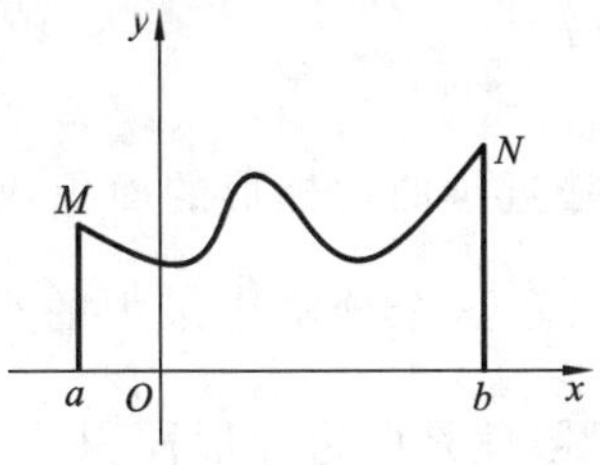

图 6-1

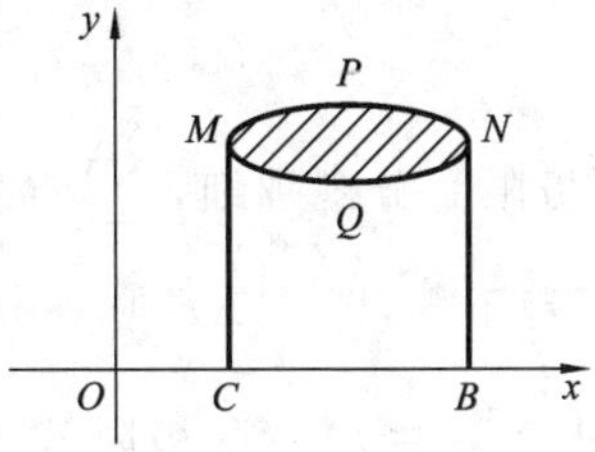

图 6-2

设 $y=f(x)$ 在 $[a,b]$ 上连续，且 $f(x)\geqslant 0$，下面我们求以曲线 $y=f(x)$ 为曲边，底为 $[a,b]$ 的曲边梯形的面积 A.

如图 6-3 所示，为了计算曲边梯形面积 A，我们设想：用垂直于 x 轴的直线把该曲边梯形切割成许多很窄的长条，每个长条可以近似看作一个矩形，把每个小矩形的面积加起来就是曲边梯形面积的近似值，切割的每个长条越窄，这个面积的误差就越小，于是当所有的长条宽度趋于零时，这个曲边梯形面积的近似值就转化为曲边梯形面积 A 的精确值了.

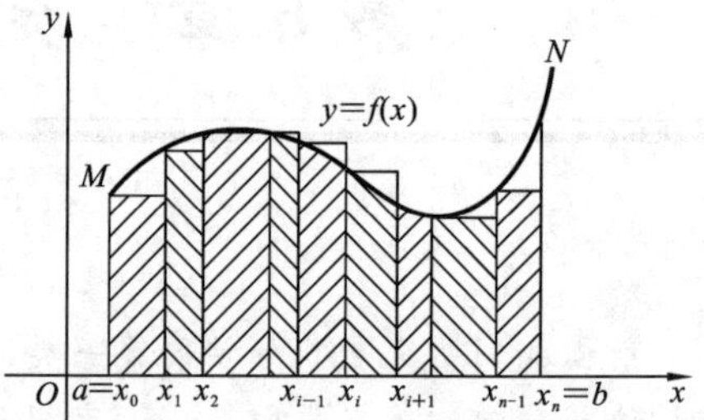

图 6-3

上面分析思路的具体实施步骤如下.

(1) 分割　任取分点

$$a=x_0<x_1<x_2<\cdots<x_{n-1}<x_n=b,$$

把曲边梯形的底边 $[a,b]$ 分成 n 个小区间 $[x_{i-1},x_i]$ $(i=1,2,\cdots,n)$，小区间长度记为

$$\Delta x_i=x_i-x_{i-1}\quad(i=1,2,\cdots,n).$$

过各分点作 x 轴的垂线，把整个曲边梯形分成 n 个小曲边梯形，其中，第 i 个小曲边梯形的面积记为

$$\Delta A_i\quad(i=1,2,\cdots,n).$$

(2) 取近似　用一个小矩形的面积近似代替第 i 个小曲边梯形的面积 ΔA_i，这个小矩形的宽为 Δx_i，长取小区间 $[x_{i-1},x_i]$ 上任一点 ξ_i 处的函数值 $f(\xi_i)$，即

$$\Delta A_i\approx f(\xi_i)\Delta x_i\quad(i=1,2,\cdots,n).$$

(3) 求和　把 n 个小矩形面积相加得和式

$$f(\xi_1)\Delta x_1+f(\xi_2)\Delta x_2+\cdots+f(\xi_n)\Delta x_n=\sum_{i=1}^{n}f(\xi_i)\Delta x_i,$$

它就是曲边梯形面积 A 的近似值，即

$$A\approx\sum_{i=1}^{n}f(\xi_i)\Delta x_i.$$

(4) 取极限　分割越细，$\sum\limits_{i=1}^{n}f(\xi_i)\Delta x_i$ 就越接近于曲边梯形的面积 A，当最大的小区间长度趋于零，即 $\|\Delta x_i\|\to 0$（$\|\Delta x_i\|$ 表示这个分割中最大的小区间的长度）时，和式 $\sum\limits_{i=1}^{n}f(\xi_i)\Delta x_i$ 的极限若存在，则此极限就是曲边梯形面积 A 的精确值，即

$$A=\lim_{\|\Delta x_i\|\to 0}\sum_{i=1}^{n}f(\xi_i)\Delta x_i.$$

可见,曲边梯形的面积是一个和式的极限.

2. 变速直线运动的路程

设某一物体作直线运动,已知速度 $v=v(t)$是时间间隔$[T_1,T_2]$上的连续函数,且 $v(t)\geqslant 0$,要计算这段时间内物体经过的路程.

如果是匀速运动,则路程 $s=v(T_2-T_1)$,若 $v(t)$是变速,路程就不能用初等数学的方法求得了.

解决这个问题的思路和步骤与曲边梯形的面积类似:

(1) 分割　任取分点

$T_1=t_0<t_1<t_2<\cdots<t_{n-1}<t_n=T_2$,把$[T_1,T_2]$分成 n 个小时间段,每个小时间段分别为

$$\Delta t_i=t_i-t_{i-1}\quad (i=1,2,\cdots,n).$$

(2) 取近似　把每个小时间段$[t_{i-1},t_i]$上的运动近似看成是匀速的,任取时刻 $\xi_i\in[t_{i-1},t_i]$,作乘积 $v(\xi_i)\Delta t_i$,那么就得到这小段时间所经过的路程 Δs_i 的近似值,即

$$\Delta s_i\approx v(\xi_i)\Delta t_i\quad (i=1,2,\cdots,n).$$

(3) 求和　把 n 个小段时间内路程的近似值相加,就得到总路程 s 的近似值,即

$$s\approx\sum_{i=1}^{n}v(\xi_i)\Delta t_i.$$

(4) 取极限　当最大的小时间段的时间趋近于零,即 $\|\Delta t_i\|\to 0$ 时,和式 $\sum\limits_{i=1}^{n}v(\xi_i)\Delta t_i$ 的极限就是 s 的精确值,即

$$s=\lim_{\|\Delta x_i\|\to 0}\sum_{i=1}^{n}v(\xi_i)\Delta t_i.$$

可见,变速直线运动的路程也是一个和式的极限.

二、定积分的定义

从上述两个具体问题我们看到,它们的实际意义虽然不同,但它们归结成的数学模型都是一致的,即按“分割取近似,求和取极限”的方法,将所求的量归结成为一个和式的极限.还有许多实际问题,也都可归结为求这种和式的极限,抽去这些问题的具体意义,抓住它们在数量关系上的共同本质,我们概括出如下定义:

定义　设函数 $y=f(x)$在$[a,b]$上有定义,任取分点 $a=x_0<x_1<x_2<\cdots<x_{n-1}<x_n=b$,分$[a,b]$为 n 个小区间$[x_{i-1},x_i]$$(i=1,2,\cdots,n)$,记

$$\Delta x_i=x_i-x_{i-1}\quad (i=1,2,\cdots,n),\quad \lambda=\|\Delta x_i\|\quad (i=1,2,\cdots,n),$$

再在每个小区间$[x_{i-1},x_i]$上任取一点ξ_i,作乘积$f(\xi_i)\Delta x_i$的和式

$$\sum_{i=1}^{n} f(\xi_i)\Delta x_i.$$

如果$\lambda\to 0$时上述和式的极限存在(注意:这个极限与$[a,b]$的分割及点ξ_i的取法均无关),则称此极限值为函数$f(x)$在$[a,b]$上的定积分,记为$\int_a^b f(x)\mathrm{d}x$,即

$$\int_a^b f(x)\mathrm{d}x = \lim_{\lambda\to 0}\sum_{i=1}^{n} f(\xi_i)\Delta x_i,$$

其中,"$\int$"称为积分符号,$f(x)$称为被积函数,$f(x)\mathrm{d}x$称为被积表达式,x称为积分变量,$[a,b]$称为积分区间,a和b分别称为积分下限和积分上限,并且把$\int_a^b f(x)\mathrm{d}x$读作:函数$f(x)$从a到b的定积分.

有了这个定义,前面两个实际问题都可用定积分表示为

$$\text{曲边梯形面积 } A = \int_a^b f(x)\mathrm{d}x;$$

$$\text{变速运动路程 } s = \int_{T_1}^{T_2} v(t)\mathrm{d}t.$$

关于定积分定义的说明:

(1) 定积分是和式的极限,它表示一个数,它只取决于被积函数与积分上、下限,而与积分变量用什么字母无关,例如:

$$\int_0^1 x^2\mathrm{d}x = \int_0^1 t^2\mathrm{d}t.$$

一般地,

$$\int_a^b f(x)\mathrm{d}x = \int_a^b f(t)\mathrm{d}t.$$

(2) 定义中要求积分上限b与积分下限a满足$a<b$,我们补充如下规定:

当$a=b$时,$\int_a^b f(x)\mathrm{d}x = 0$;

当$a>b$时,$\int_a^b f(x)\mathrm{d}x = -\int_b^a f(x)\mathrm{d}x$.

(3) 定积分的存在性:当$f(x)$在$[a,b]$上连续时,$f(x)$在$[a,b]$上的定积分存在(也称可积).

三、定积分的几何意义

不论定积分所表达的量的具体意义是什么,它的值总可以用面积形式表达出来.

若在$[a,b]$上$f(x)\geqslant 0$时,我们已经知道,定积分在几何上表示为以函数$y=f(x)$的图象为曲边的一个曲边梯形的面积.

若在$[a,b]$上 $f(x)<0$，则在等式 $\int_a^b f(x)\mathrm{d}x=\lim\limits_{\lambda\to 0}\sum\limits_{i=1}^{n} f(\xi_i)\Delta x_i$ 右端的和式中，每一项 $f(\xi_i)\Delta x_i$ 都是负的. 因此，定积分 $\int_a^b f(x)\mathrm{d}x$ 也是一个负数，从而

$$\int_a^b f(x)\mathrm{d}x=-A \quad \text{或} \quad A=-\int_a^b f(x)\mathrm{d}x.$$

其中，A 是连续曲线 $y=f(x)$，直线 $x=a$，$x=b$ 与 x 轴所围成的曲边梯形的面积，如图 6-4 所示，即当 $f(x)<0$ 时，$\int_a^b f(x)\mathrm{d}x$ 表示曲线 $y=f(x)$ 与直线 $x=a$，$x=b$，x 轴所围成的曲边梯形面积的负值.

如果 $f(x)$ 在$[a,b]$上连续，且有正有负时，如图 6-5 所示. 连续曲线 $y=f(x)$，直线 $x=a$，$x=b$ 与 x 轴所围成的图形是由三个曲边梯形组成，那么，由定积分定义可得

$$\int_a^b f(x)\mathrm{d}x=A_1-A_2+A_3.$$

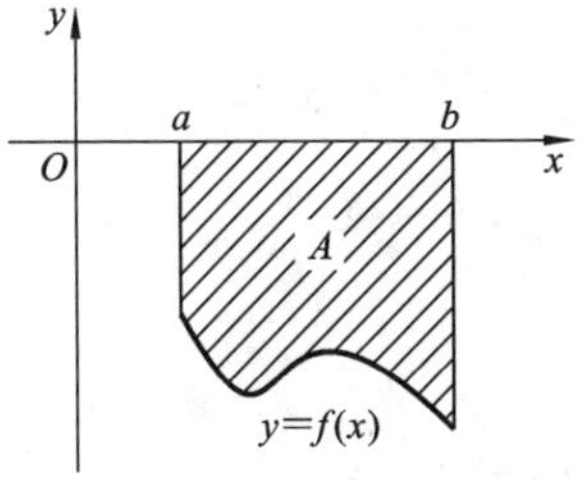

图 6-4

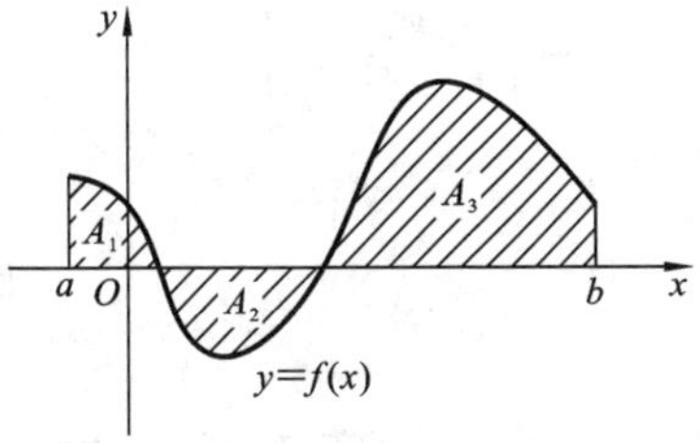

图 6-5

总之，定积分 $\int_a^b f(x)\mathrm{d}x$ 在各种实际问题中所代表的意义尽管不同，但它的数值在几何上都可用曲边梯形面积的代数和表示，这就是定积分的几何意义.

习题一

1. 利用定积分的几何意义，判断下列定积分的值是正的还是负的（不必计算）：

(1) $\int_0^{\frac{\pi}{2}} \sin x\mathrm{d}x$；　　(2) $\int_{\frac{\pi}{2}}^{0} \sin x\cos x\mathrm{d}x$；　　(3) $\int_{-1}^{2} x^2\mathrm{d}x$.

2. 利用定积分的几何意义说明下列各式成立：

(1) $\int_0^{2\pi} \sin x\mathrm{d}x=0$；　　(2) $\int_0^{\pi} \sin x\mathrm{d}x=2\int_0^{\frac{\pi}{2}} \sin x\mathrm{d}x$；

(3) $\int_{-a}^{a} f(x)\mathrm{d}x=\begin{cases}0, & \text{当 } f(x) \text{ 为奇函数；}\\ 2\int_0^a f(x)\mathrm{d}x, & \text{当 } f(x) \text{ 为偶函数.}\end{cases}$

3. 利用定积分表示下列各图(见图 6-6)中阴影部分的面积：

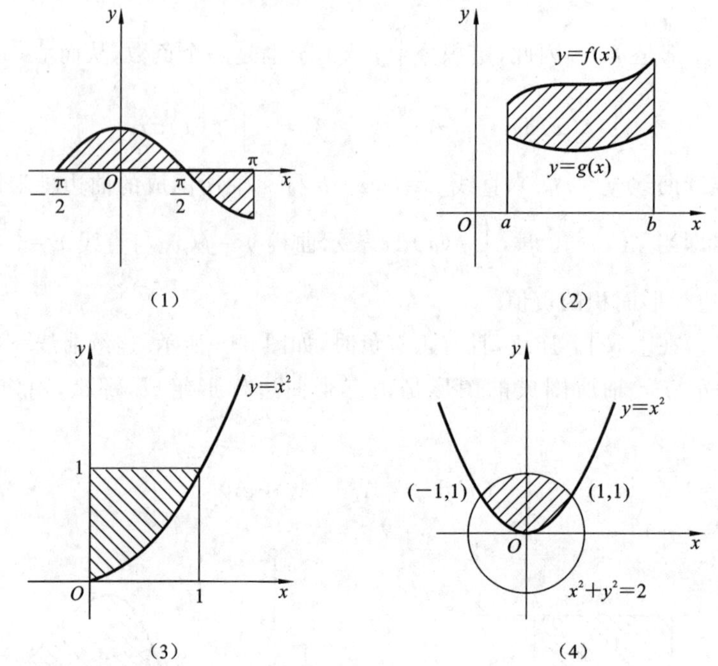

图 6-6

第 2 节　牛顿-莱布尼兹公式

定积分作为一种特定和式的极限，直接用定义来计算是一件十分复杂的事，有时甚至无法计算，本节将通过定积分与原函数的关系导出计算定积分的简便有效的方法.

一、牛顿-莱布尼兹公式

我们先回顾变速直线运动的路程问题，如果物体以速度 $v(t)$ 作直线运动，那么在时间 $[T_1, T_2]$ 上所经过的路程

$$s = \int_{T_1}^{T_2} v(t)\,\mathrm{d}t.$$

另一方面，如果物体经过的路程 s 是时间 t 的函数 $s(t)$，那么，物体从 $t = T_1$ 到 $t = T_2$ 所经过的路程应该是 $s(T_2) - s(T_1)$. 综上所述，得

$$\int_{T_1}^{T_2} v(t)\,\mathrm{d}t = s(T_2) - s(T_1).$$

从导数的物理意义可知，$s'(t) = v(t)$，$s(t)$ 是 $v(t)$ 的一个原函数，上式表明定积

分 $\int_{T_1}^{T_2} v(t)\mathrm{d}t$ 的值等于被积函数 $v(t)$ 的原函数 $s(t)$ 从积分下限 T_1 到积分上限 T_2 时的增量 $s(T_2)-s(T_1)$.

一般地,有下面的定理:

定理　设函数 $F(x)$ 是连续函数 $f(x)$ 在 $[a,b]$ 上的一个原函数,则有

$$\int_a^b f(x)\mathrm{d}x = F(b) - F(a).$$

这个公式称为牛顿-莱布尼兹公式.

为了方便起见,我们常把 $F(b)-F(a)$ 记为 $F(x)\big|_a^b$ 或 $[F(x)]_a^b$,即

$$\int_a^b f(x)\mathrm{d}x = [F(x)]_a^b = F(b) - F(a).$$

例 1　计算 $\int_0^1 x^2\mathrm{d}x$.

解　因为

$$\int x^2\mathrm{d}x = \frac{1}{3}x^3 + C,$$

所以

$$\int_0^1 x^2\mathrm{d}x = \left[\frac{1}{3}x^3\right]_0^1 = \frac{1}{3}\times 1^3 - \frac{1}{3}\times 0^3 = \frac{1}{3}.$$

例 2　求曲线 $y=\sin x$ 和 x 轴在 $[0,\pi]$ 上所围成图形的面积 A.

解　这个图形是曲边梯形的一个特例,它的面积

$$A = \int_0^\pi \sin x\mathrm{d}x = [-\cos x]_0^\pi = -\cos\pi + \cos 0 = 2.$$

例 3　已知自由落体运动速度为 $v=gt$,试求在时间 $[0,T]$ 上物体下落的距离 s.

解　物体下落距离 s 可以用定积分计算,即

$$s = \int_0^T gt\mathrm{d}t = \left[\frac{1}{2}gt^2\right]_0^T = \frac{1}{2}gT^2.$$

二、定积分的性质

为了理论与计算的需要,我们介绍定积分的基本性质,并且可用定积分的定义或牛顿-莱布尼兹公式证得.

性质 1　函数的代数和可逐项积分,即

$$\int_a^b [f(x)\pm g(x)]\mathrm{d}x = \int_a^b f(x)\mathrm{d}x \pm \int_a^b g(x)\mathrm{d}x.$$

性质 2　被积函数的常数因子可以提到积分号前面,即

$$\int_a^b kf(x)\mathrm{d}x = k\int_a^b f(x)\mathrm{d}x \quad (k\text{ 为常数}).$$

性质 3　定积分的积分区间具有可加性,即

$$\int_a^b f(x)\mathrm{d}x = \int_a^c f(x)\mathrm{d}x + \int_c^b f(x)\mathrm{d}x.$$

性质 4　在$[a,b]$上如果 $f(x)\geqslant g(x)$,则

$$\int_a^b f(x)\mathrm{d}x \geqslant \int_a^b g(x)\mathrm{d}x.$$

例 4　求$\int_1^2\left(x+\frac{1}{x}\right)^2\mathrm{d}x$.

解　$\int_1^2\left(x+\frac{1}{x}\right)^2\mathrm{d}x=\int_1^2\left(x^2+2+\frac{1}{x^2}\right)\mathrm{d}x=\left[\frac{1}{3}x^3+2x-\frac{1}{x}\right]_1^2=4\frac{5}{6}$.

例 5　求$\int_0^{\frac{\pi}{2}}\sin^2\frac{x}{2}\mathrm{d}x$.

解　$\int_0^{\frac{\pi}{2}}\sin^2\frac{x}{2}\mathrm{d}x=\frac{1}{2}\int_0^{\frac{\pi}{2}}(1-\cos x)\mathrm{d}x=\frac{1}{2}[x-\sin x]_0^{\frac{\pi}{2}}=\frac{\pi}{4}-\frac{1}{2}$.

例 6　求$\int_a^b\frac{\mathrm{d}x}{a^2+x^2}$.

解　$\int_a^b\frac{\mathrm{d}x}{a^2+x^2}=\left[\frac{1}{a}\arctan\frac{x}{a}\right]_0^a=\frac{1}{a}\arctan 1-\frac{1}{a}\arctan 0=\frac{\pi}{4a}-0=\frac{\pi}{4a}$.

习题二

1. 求下列定积分:

(1) $\int_1^3 x^3\,\mathrm{d}x$;　　(2) $\int_0^1\frac{\mathrm{d}x}{\sqrt{4-x^2}}$;

(3) $\int_1^{\mathrm{e}}\frac{\ln x}{x}\mathrm{d}x$;　　(4) $\int_{-1}^{\sqrt{3}}\frac{\arctan x}{1+x^2}\mathrm{d}x$.

2. 求下列所给曲线(或直线)围成图形的面积:

(1) $y=2\sqrt{x},x=4,x=9,y=0$;

(2) $y=\sin x,y=\cos x$ 与直线 $x=0,x=\frac{\pi}{2}$.

3. 求下列定积分:

(1) $\int_{-1}^3(3x^2-2x+1)\mathrm{d}x$;　　(2) $\int_2^3\left(\sqrt{x}+\frac{1}{\sqrt{x}}\right)\mathrm{d}x$;

(3) $\int_0^{\frac{\pi}{2}}\sin^3 x\cos^2 x\mathrm{d}x$;　　(4) $\int_0^1\frac{x^2}{1+x^2}\mathrm{d}x$.

第 3 节　定积分的换元法和分部积分法

与不定积分的基本积分方法相对应,定积分也有换元积分法和分部积分法,重提两个方法,目的在于简化定积分的计算,最终的计算,总是离不开牛顿 - 莱布尼兹公式的.

一、定积分的换元法

先看下面的例子：

例 1　利用两种方法求$\int_0^1 x\sqrt{1+x^2}\,\mathrm{d}x$.

解法一　先求出$\int x\sqrt{1+x^2}\,\mathrm{d}x$，然后再把上、下限代入. 因为

$$\int x\sqrt{1+x^2}\,\mathrm{d}x = \frac{1}{2}\int(1+x^2)^{\frac{1}{2}}\mathrm{d}(1+x^2) = \frac{1}{2}\cdot\frac{2}{3}(1+x^2)^{\frac{3}{2}}+C$$

$$= \frac{1}{3}(1+x^2)^{\frac{3}{2}}+C,$$

所以

$$\int_0^1 x\sqrt{1+x^2}\,\mathrm{d}x = \left[\frac{1}{3}(1+x^2)^{\frac{3}{2}}\right]_0^1 = \frac{2\sqrt{2}-1}{3}.$$

解法二　不妨设 $u=1+x^2$，那么 $\mathrm{d}u=2x\mathrm{d}x$，且当 $x=0$ 时，$u=1$；$x=1$ 时，$u=2$，即原来的积分变量 x 从 0 变到 1 时，新的积分变量 u 从 1 变到 2. 于是

$$\int_0^1 x\sqrt{1+x^2}\,\mathrm{d}x = \frac{1}{2}\int_1^2 u^{\frac{1}{2}}\mathrm{d}u = \frac{1}{2}\left[\frac{2}{3}u^{\frac{3}{2}}\right]_1^2 = \frac{2\sqrt{2}-1}{3}.$$

从上例的解法二可以看出，求定积分可以利用变量代换的方法，并且比解法一来得简单一些.

一般地，在计算定积分$\int_a^b f(x)\mathrm{d}x$ 时，如果用新变量 u 代换原来的变量 x，即设 $x=\varphi(u)$，当 x 由 a 变到 b 时，相应地 u 由 α 变到 β，即 $a=\varphi(\alpha)$，$b=\varphi(\beta)$，那么，新变量 u 的定积分的上下限分别为 β、α，这时就可以按照新变量的定积分来计算，即

$$\int_a^b f(x)\mathrm{d}x = \int_\alpha^\beta f(\varphi(u))\varphi'(u)\mathrm{d}u.$$

这种方法称为定积分的换元法.

例 2　求$\int_0^a \sqrt{a^2-x^2}\,\mathrm{d}x$.

解　令 $x=a\sin u$，则 $\mathrm{d}x=a\cos u\mathrm{d}u$. 当 $x=0$ 时，$u=0$；当 $x=a$ 时，$u=\frac{\pi}{2}$. 所以原式变为

$$\int_0^a \sqrt{u^2-x^2}\,\mathrm{d}x = \int_0^{\frac{\pi}{2}} a^2\cos^2 u\mathrm{d}u = a^2\int_0^{\frac{\pi}{2}}\frac{1+\cos 2u}{2}\mathrm{d}u$$

$$= a^2\left[\frac{1}{2}u+\frac{1}{4}\sin 2u\right]_0^{\frac{\pi}{2}} = \frac{\pi a^2}{4}.$$

例 3　求$\int_0^{\frac{\pi}{2}}\cos^3 x\sin x\mathrm{d}x$.

解　令 $u=\cos x$，则 $\mathrm{d}u=-\sin x\mathrm{d}x$. 当 $x=0$ 时，$u=1$；当 $x=\frac{\pi}{2}$ 时，$u=0$.

于是

$$\int_0^{\frac{\pi}{2}} \cos^3 x \sin x \mathrm{d}x = -\int_1^0 u^3 \mathrm{d}u = \int_0^1 u^3 \mathrm{d}u = \left[\frac{u^4}{4}\right]_0^1 = \frac{1}{4}.$$

二、定积分的分部积分法

我们设函数 $u=u(x)$ 及 $v=v(x)$ 有连续导数，由分部积分公式

$$\int u \mathrm{d}v = uv - \int v \mathrm{d}u$$

得
$$\int_a^b u \mathrm{d}v = \left[uv - \int v \mathrm{d}u\right]_a^b = [uv]_a^b - \left[\int v \mathrm{d}u\right]_a^b = [uv]_a^b - \int_a^b v \mathrm{d}u,$$

即
$$\int_a^b u \mathrm{d}v = [uv]_a^b - \int_a^b v \mathrm{d}u.$$

这就是定积分的分部积分公式.

例 4 求 $\int_0^{\pi} x\cos x \mathrm{d}x$.

解 $\int_0^{\pi} x\cos x \mathrm{d}x = \int_0^{\pi} x \mathrm{d}(\sin x) = [x\sin x]_0^{\pi} - \int_0^{\pi} \sin x \mathrm{d}x$

$$= 0 - \int_0^{\pi} \sin x \mathrm{d}x = [\cos x]_0^{\pi} = -2.$$

例 5 求 $\int_0^{2\pi} \mathrm{e}^x \cos x \mathrm{d}x$.

解 $\int_0^{2\pi} \mathrm{e}^x \cos x \mathrm{d}x = \int_0^{2\pi} \mathrm{e}^x \mathrm{d}(\sin x) = [\mathrm{e}^x \sin x]_0^{2\pi} - \int_0^{2\pi} \mathrm{e}^x \sin x \mathrm{d}x$

$$= \int_0^{2\pi} \mathrm{e}^x \mathrm{d}(\cos x) = [\mathrm{e}^x \cos x]_0^{2\pi} - \int_0^{2\pi} \mathrm{e}^x \cos x \mathrm{d}x$$

$$= \mathrm{e}^{2\pi} - 1 - \int_0^{2\pi} \mathrm{e}^x \cos x \mathrm{d}x,$$

移项，得
$$2\int_0^{2\pi} \mathrm{e}^x \cos x \mathrm{d}x = \mathrm{e}^{2\pi} - 1,$$

所以
$$\int_0^{2\pi} \mathrm{e}^x \cos x \mathrm{d}x = \frac{1}{2}(\mathrm{e}^{2\pi} - 1).$$

在求定积分中，有时不能直接求出 $\int_a^b f(x)\mathrm{d}x$ 的值，利用分部积分法把它变为关于 $\int_a^b f(x)\mathrm{d}x$ 的方程，间接求出 $\int_a^b f(x)\mathrm{d}x$，这是一种常用方法.

例 6 求 $\int_1^{\mathrm{e}} x\ln x \mathrm{d}x$.

解 $\int_1^{\mathrm{e}} x\ln x \mathrm{d}x = \int_1^{\mathrm{e}} \ln x \cdot \frac{1}{2}\mathrm{d}(x^2) = \left[\frac{1}{2}\ln x \cdot x^2\right]_1^{\mathrm{e}} - \frac{1}{2}\int_1^{\mathrm{e}} x^2 \mathrm{d}(\ln x)$

$$= \frac{1}{2}\mathrm{e}^2 - \frac{1}{2}\int_1^{\mathrm{e}} x^2 \cdot \frac{1}{x}\mathrm{d}x = \frac{1}{2}\mathrm{e}^2 - \frac{1}{4}[x^2]_1^{\mathrm{e}} = \frac{1}{4}(\mathrm{e}^2 + 1).$$

习题三

1. 用定积分的换元法计算下列各定积分：

(1) $\int_0^2 \frac{1}{4+x^2}\mathrm{d}x$；　(2) $\int_0^1 \frac{x^2}{1+x^6}\mathrm{d}x$；　(3) $\int_1^2 \frac{\sqrt{x-1}}{x}\mathrm{d}x$；

(4) $\int_1^{\mathrm{e}^3} \frac{1}{x\sqrt{1+\ln x}}\mathrm{d}x$；　(5) $\int_{\frac{1}{\pi}}^{\frac{2}{\pi}} \frac{1}{x^2}\cos\frac{1}{x}\mathrm{d}x$；　(6) $\int_0^{\frac{\pi}{10}} \sin^2(\omega t+\varphi)\mathrm{d}t$；

(7) $\int_0^a \frac{\mathrm{d}t}{\sqrt{a^2-x^2}}$；　(8) $\int_{-\frac{\pi}{2}}^{\frac{\pi}{2}} \cos x\cos 2x\mathrm{d}x$.

2. 用分部积分法计算下列定积分：

(1) $\int_0^{\pi} x\sin x\mathrm{d}x$；　(2) $\int_0^1 t\mathrm{e}^t\mathrm{d}t$；　(3) $\int_0^{\mathrm{e}-1} \ln(1+x)\mathrm{d}x$；

(4) $\int_0^{\frac{1}{2}} \arcsin x\mathrm{d}x$；　(5) $\int_0^1 \arctan x\mathrm{d}x$；　(6) $\int_0^{\frac{\pi}{2}} \mathrm{e}^x\sin x\mathrm{d}x$.

3. 计算下列定积分：

(1) $\int_0^x \frac{\mathrm{e}^{\frac{1}{x}}}{x^2}\mathrm{d}x$；　(2) $\int_1^{\mathrm{e}} \ln^3 x\mathrm{d}x$；　(3) $\int_0^{\frac{\pi}{2}} (2\cos 2\theta-1)\mathrm{d}\theta$；

(4) $\int_0^{16} \frac{\mathrm{d}x}{\sqrt{x+9}-\sqrt{x}}$；　(5) $\int_0^{\frac{\sqrt{3}}{2}} (\arcsin x)^2\mathrm{d}x$；　(6) $\int_{-\frac{\pi}{2}}^{\frac{\pi}{2}} \frac{\mathrm{d}x}{1+\cos x}$.

第 4 节　定积分在几何上的应用

定积分不仅能解决曲边梯形的面积和变速直线运动的路程两方面的问题，而且在几何及物理等方面还有着其它广泛的应用.

一、定积分的微元法

在我们讨论定积分更多的应用之前，先来介绍如何化所求量为定积分的一般思路和方法.

结合曲边梯形的面积与变速直线运动的路程这两个问题可以看出，用定积分计算的量一般有如下两个特点：

(1) 所求量(设为 F) 与一个给定区间$[a,b]$有关，且在该区间上具有可加性，就是说，F 是在$[a,b]$上的整体量，当把$[a,b]$分成许多小区间时，整体量等于各部分量之和，即

$$F=\sum_{i=1}^{n}\Delta F_i$$

(2) 所求量 F 在$[a,b]$上的分布是不均匀的.

我们再来回顾一下应用定积分概念解决实际问题的四个步骤：

第一步：分割. 将所求量 F 分成部分量之和，即 $F=\sum_{i=1}^{n}\Delta F_i$.

第二步：取近似. 求出每个部分量的近似值，$\Delta F_i\approx f(\xi_i)\Delta x_i(i=1,2,\cdots,n)$.

第三步：求和. 写出整体量 F 的近似值，即 $F=\sum_{i=1}^{n}\Delta F_i\approx\sum_{i=1}^{n}f(\xi_i)\Delta x_i$.

第四步：求极限. 取 $\lambda=\max\Delta x_i$，则 $F=\lim_{\lambda\to 0}\sum_{i=1}^{n}f(\xi_i)\Delta x_i=\int_a^b f(x)\mathrm{d}x$.

观察以上四步，我们发现第二步是关键，因为最后的被积表达式就是在这一步确定的，而第三、第四步可合并成一步：在 $[a,b]$ 上无限累加，即在 $[a,b]$ 上积分.

于是，上述四步简化成实用的两步：

(1) 在 $[a,b]$ 上任取一小区间 $[x,x+\Delta x]$，并在该区间上找出所求量 F 的部分量 ΔF 的近似值，记为 $\mathrm{d}F=f(x)\mathrm{d}x$（称为 F 的微元）.

(2) 写出所求量 F 的表达式 $F=\int_a^b f(x)\mathrm{d}x$，然后计算它的值.

在实际问题中，寻找微元是解决问题的关键，因此上述方法称为微元法.

下面我们先用微元法来讨论定积分在几何上的应用.

二、用定积分求平面图形的面积

用微元法不难将下列图形的面积表示为定积分.

(1) 曲线 $y=f(x)(f(x)\geqslant 0)$，$x=a$，$x=b$ 及 x 轴所围成的图形（见图 6-7），面积微元为 $\mathrm{d}A=f(x)\mathrm{d}x$. 则所求的面积为

$$A=\int_a^b f(x)\mathrm{d}x.$$

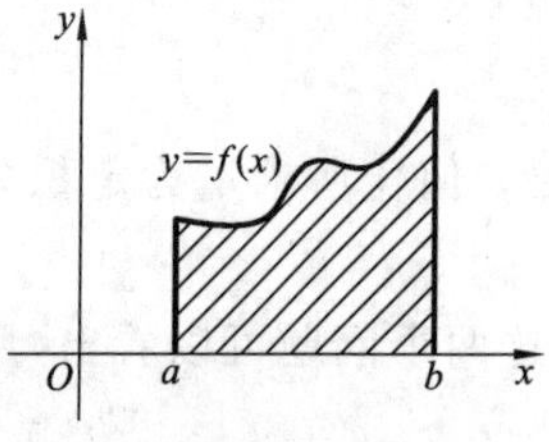

图 6-7

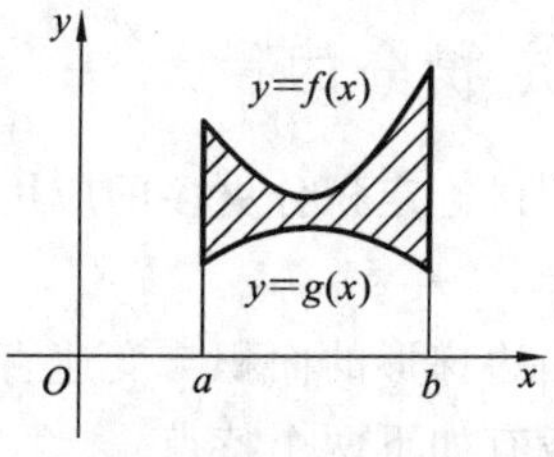

图 6-8

(2) 由上、下两条曲线 $y=f(x)$，$y=g(x)(f(x)\geqslant g(x))$ 及 $x=a$，$x=b$ 所围成的图形（见图 6-8）面积微元 $\mathrm{d}A=[f(x)-g(x)]\mathrm{d}x$，则所求的面积为

$$A=\int_a^b[f(x)-g(x)]\mathrm{d}x.$$

(3) 由左右两条曲线 $x=\psi(y)$（图象在左边），$x=\varphi(y)$（图象在右边）及 $y=c$，

$y=d$ 所围图形(见图 6-9)面积微元为 $\mathrm{d}A=[\varphi(y)-\psi(y)]\mathrm{d}y$,则所求的面积为

$$A=\int_c^d[\varphi(y)-\psi(y)]\mathrm{d}y.$$

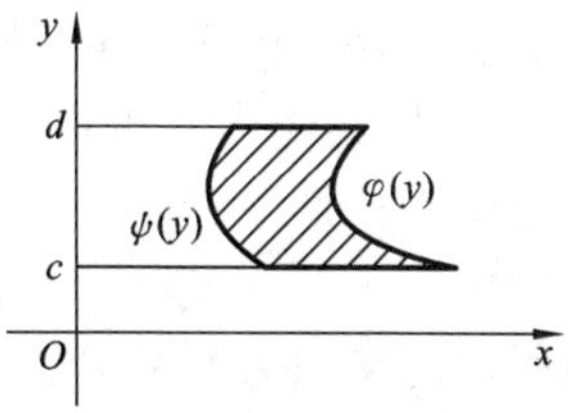

图 6-9

注意:此时取横条矩形为 $\mathrm{d}A$,取 y 为积分变量.

例 1　计算由两条抛物线 $y^2=x,y=x^2$ 所围成的图形的面积.

解　作图(见图 6-10),并求出曲线交点以确定积分区间.解方程组

$$\begin{cases}y^2=x\\ y=x^2\end{cases},$$

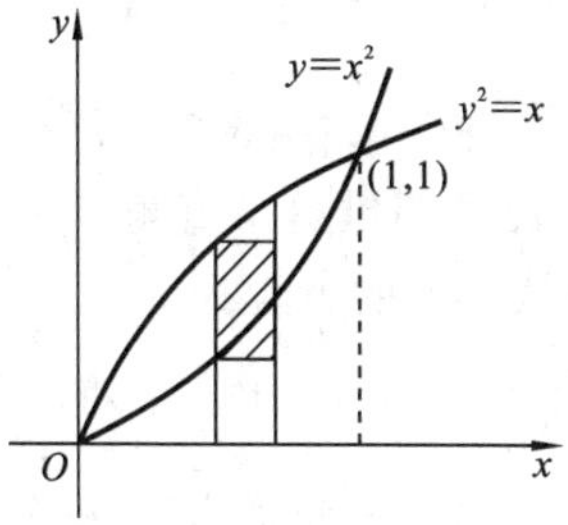

图 6-10

得交点(0,0)及(1,1).

由于两曲线呈上、下分布,取横坐标 x 为积分变量,它的变化范围为[0,1],面积微元为

$$\mathrm{d}A=(\sqrt{x}-x^2)\mathrm{d}x,$$

因此,所求面积为

$$A=\int_0^1(\sqrt{x}-x^2)\mathrm{d}x=\left[\frac{2}{3}x^{\frac{3}{2}}-\frac{1}{3}x^3\right]_0^1=\frac{1}{3}.$$

例 2　求曲线 $y^2=2x$ 与 $y=x-4$ 所围成的图形的面积.

解　作图(见图 6-11).解方程组

$$\begin{cases}y^2=2x\\ y=x-4\end{cases},$$

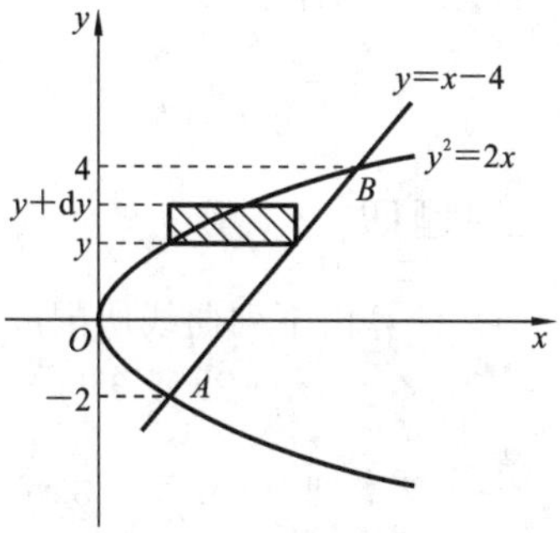

图 6-11

得交点为 $A(2,-2),B(8,4)$.取 y 为积分变量,y 的变化范围为[-2,4],于是有面积微元

$$\mathrm{d}A=\left[(y+4)-\frac{1}{2}y^2\right]\mathrm{d}y.$$

所以

$$A=\int_{-2}^4\left[(y+4)-\frac{1}{2}y^2\right]\mathrm{d}y$$

$$=\left[\frac{1}{2}y^2+4y-\frac{1}{6}y^3\right]_{-2}^4=18.$$

三、旋转体的体积

一个平面图形绕这个平面内一直线旋转所成的立体图形称为旋转体,这条直线称为旋转轴.例如,矩形绕它的一条边旋转得到圆柱体;直角三角形绕它的一直角边旋转得到圆锥体;圆绕它的直径旋转得到球体等.

现在应用定积分计算由曲线 $y=f(x)$ 和直线 $x=a,x=b$ 及 x 轴所围成的曲边梯形绕 x 轴旋转而成的旋转体体积(见图 6-12).

在$[a,b]$上任一点x处垂直于x轴切下厚度为$\mathrm{d}x$的一薄片，这一薄片可以近似看成是一个圆柱体，圆柱体的底半径是$|f(x)|$，厚$\mathrm{d}x$，于是得体积微元

$$\mathrm{d}V=\pi[f(x)]^2\mathrm{d}x,$$

则所求的体积为

$$V=\pi\int_a^b[f(x)]^2\mathrm{d}x.$$

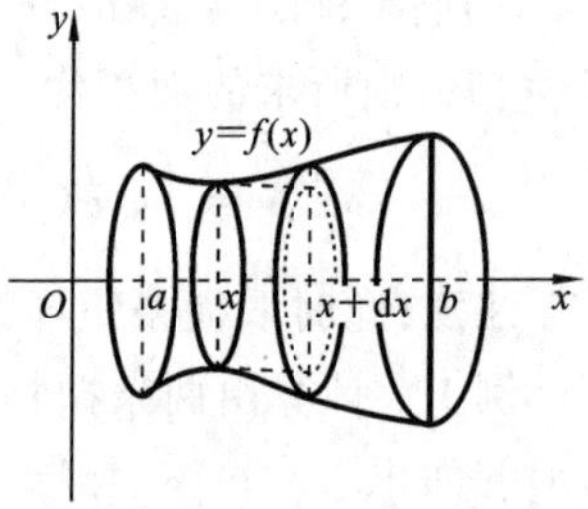

图 6-12

例 3 证明底面半径为r，高为h的圆锥体积为

$$V=\frac{1}{3}\pi r^2h.$$

证 如图 6-13 所示，设圆锥的旋转轴OB重合于x轴，$OB=h$，$AB\perp OB$且$AB=r$. 即圆锥是由直角三角形AOB，绕OB旋转而成，直线OA的方程为

$$y=\frac{r}{h}x.$$

取积分变量为x，积分区间为$[0,h]$，在$[0,h]$上任取一小区间$[x,x+\mathrm{d}x]$，则得体积微元为

$$\mathrm{d}V=\pi\left(\frac{r}{h}x\right)^2\mathrm{d}x,$$

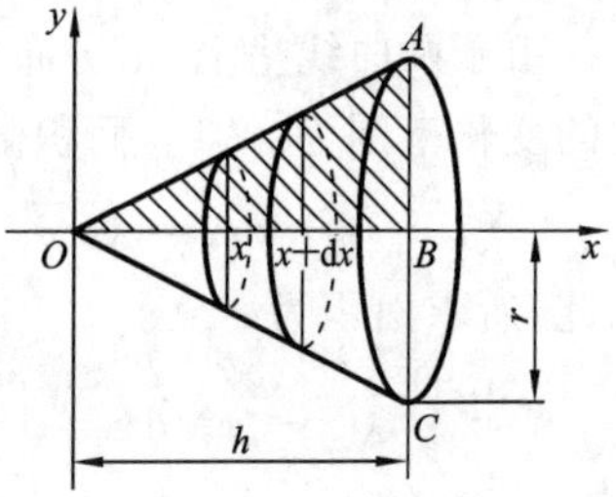

图 6-13

于是得圆锥的体积为

$$V=\int_0^h\pi\left(\frac{r}{h}x\right)^2\mathrm{d}x=\pi\frac{r^2}{h^2}\int_0^hx^2\mathrm{d}x=\frac{\pi r^2}{h^2}\left[\frac{1}{3}x^3\right]_0^h=\frac{1}{3}\pi r^2h.$$

习题四

1. 计算由下列曲线所围成的图形的面积：

(1) $y=x^2-2x+3$与$y=x+3$；

(2) $y=\sin x,x=-\frac{\pi}{2},x=\frac{\pi}{2},y=0$；

(3) $y=\ln x,y=\ln 2,y=\ln 7,x=0$；

(4) $y^2=2x,x-y=4$；

(5) $y^2=x,2x^2+y^2=1\quad(x\geqslant 0)$.

2. 计算椭圆$\frac{x^2}{9}+\frac{y^2}{9}=1$的面积.

3. 求下列曲线所围成的图形绕指定轴旋转所得的旋转体体积：

(1) $2x-y+4=0,x=0$及$y=0$，绕x轴；

(2) $y=x^2-4,y=0$，绕x轴；

(3) $\frac{x^2}{a^2}+\frac{y^2}{b^2}=1$，绕$x$轴.

第 5 节　定积分在物理学上的应用

上一节我们介绍了定积分的几何应用，本节列举一些定积分在物理方面应用的实例，不求全面，旨在加强读者运用定积分解决实际问题的能力.

一、变力沿直线所作的功

在物理学中，我们已经知道，如果一个大小和方向都不变的力作用于某一物体，使物体沿力的方向作直线运动，设物体移动的距离为 s，则力 F 所作的功 W 为

$$W = F \cdot s.$$

如果物体在变力作用下移动，如何求功呢？

设物体在变力 $F = f(x)$ 的作用下，沿 x 轴由 a 移到 b（见图 6-14），我们用定积分来计算力 F 在这一段路程中作的功.

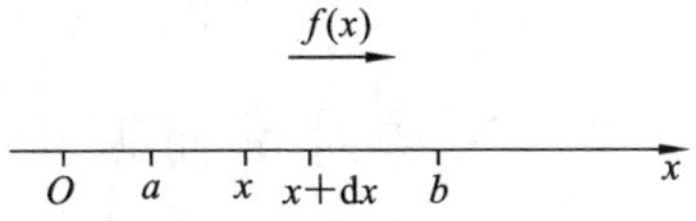

图 6-14

在 x 处取一微小位移 $\mathrm{d}x$，在这段位移上，物体所受的力可以看成是恒力，此时的作用力近似为 $f(x)$，则功的微元为

$$\mathrm{d}W = f(x)\mathrm{d}x.$$

将微元 $\mathrm{d}W$ 从 a 到 b 求定积分，就得到力 F 在这一段路程中作的功为

$$W = \int_a^b \mathrm{d}W = \int_a^b f(x)\mathrm{d}x.$$

例 1　螺旋弹簧受压时，长度的改变与所受的外力成正比. 已知弹簧被压缩 0.5 厘米时需 1 牛顿的力，当弹簧被压缩 3 厘米时，试求力所作的功.

解　设用力 $f(x)$ 将弹簧压缩 x 米，则

$$f(x) = kx,$$

其中，k 为比例系数，已知 $x = 0.005$ 米时，$f(x) = 1$ 牛顿，代入上式得

$$1 = 0.005k, \quad 即 \quad k = 200.$$

于是
$$f(x) = 200x,$$

功的微元为
$$\mathrm{d}W = f(x)\mathrm{d}x = 200x\mathrm{d}x.$$

积分区间为 $[0, 0.03]$，所以所求的功为

$$W = \int_0^{0.03} 200x\mathrm{d}x = [100x^2]_0^{0.03} = 0.09(焦耳).$$

例 2　修建一座大桥的桥墩时先需下围囹并抽尽其中的水以便施工，已知围囹的直径为 20 米，水深 27 米，围囹高出水面 3 米，求抽尽水所作的功.

解　如图 6-15 所示，要把距围囹上沿 h 米处厚为 $\mathrm{d}h$ 的一层水抽出所需力 F 为（实质上就是这层水的重量）

$$F=\rho g\pi R^2\mathrm{d}h,$$

其中，ρ 为水的密度，因此功的微元为

$$\mathrm{d}W=F\cdot s=\rho g\pi R^2\mathrm{d}h\cdot h=\rho g\pi R^2 h\mathrm{d}h,$$

所求的功为

$$W=\int_3^{30}\rho g\pi R^2 h\mathrm{d}h.$$

因为 $\rho=10^3$ 千克/米^3，$R=10$ 米，代入上式，得

$$W=\int_3^{30}1000\times 9.8\times\pi\cdot 100h\mathrm{d}h$$

$$=9.8\pi\times 10^5\left[\frac{h^2}{2}\right]_3^{30}\approx 1.37\times 10^9\text{(焦耳)}.$$

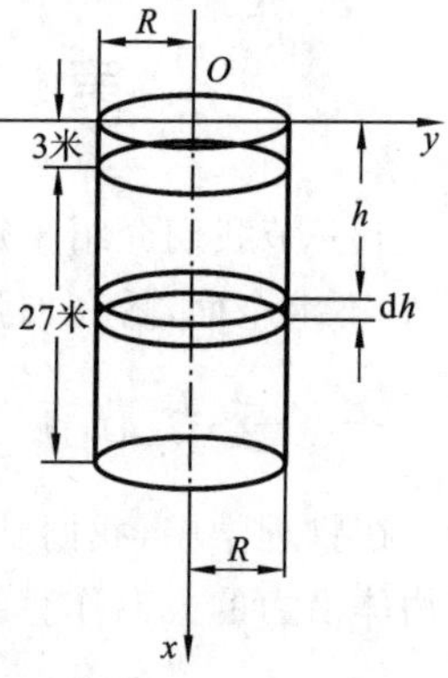

图 6-15

二、液体对平面薄板的压力

设有一薄板，垂直放在密度为 ρ 的液体中，求液体对薄板的压力.

由物理学知道，在液面下深度为 h 处，由液体重量所产生的压强为 $p=\rho gh$，若有面积为 A 的薄板水平放置在液面下深度为 h 处，这时，薄板各处受力均匀，所受压力为 $F=pA=\rho ghA$.

现在我们求一块薄板垂直放在液体内，它的一面所受的总压力(例如一个装满了水的水池壁上所受的压力)，设薄板的形状为曲边梯形，其位置及选择的坐标系如图 6-16 所示，Oy 轴为液体表面，Ox 轴铅直向下，曲线 MN 的方程为

$$y=f(x),\quad x\in[a,b].$$

在 x 处垂直于 x 轴取一底宽为 $\mathrm{d}x$ 的小曲边梯形，在这条窄条上的各处距液面的深度近似于 x，小窄条的面积为

$$\mathrm{d}A=f(x)\mathrm{d}x,$$

因此小窄条一侧所受压力的微元为

$$\mathrm{d}F=\rho gx\mathrm{d}A=\rho gxf(x)\mathrm{d}x,$$

在整个区间 $[a,b]$ 上积分，得压力为

$$F=\int_a^b\rho gxf(x)\mathrm{d}x=\rho g\int_a^b xf(x)\mathrm{d}x.$$

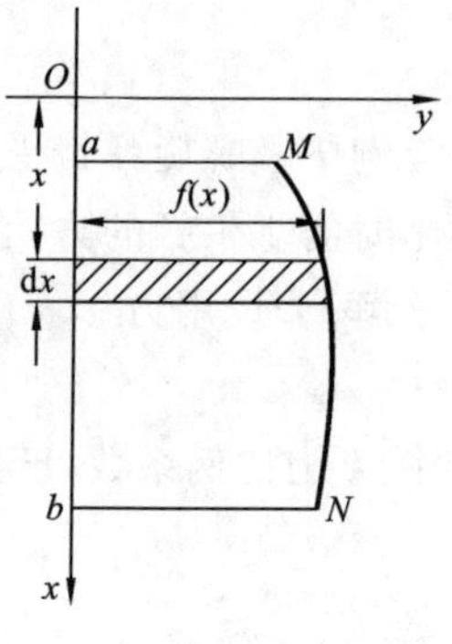

图 6-16

例 3 一个横放的半径为 R 的圆柱形水桶，里面盛有半桶油，计算桶的一个端面所受的压力(设油密度为 ρ).

解 桶的一端面是圆板，现在要计算当油面过圆心时，垂直放置的一个半圆板的一侧所受压力.

选取坐标系(见图 6-17)，圆板边沿的方程为 $x^2+y^2=R^2$，取 x 为积分变量，在 x 的变化区间 $[0,R]$ 上取微小区间 $[x,x+\mathrm{d}x]$，视这细条上压强不变，所受压力的近似

值及压力微元为

$$dF = 2\rho g x\sqrt{R^2 - x^2}\,dx,$$

于是，端面所受的压力为

$$\begin{aligned} F &= \int_0^R 2\rho g x\sqrt{R^2 - x^2}\,dx \\ &= -\rho g\int_0^R (R^2 - x^2)^{\frac{1}{2}}\,d(R^2 - x^2) \\ &= -\rho g\left[\frac{2}{3}(R^2 - x^2)^{\frac{3}{2}}\right]_0^R \\ &= \frac{2}{3}\rho g R^3. \end{aligned}$$

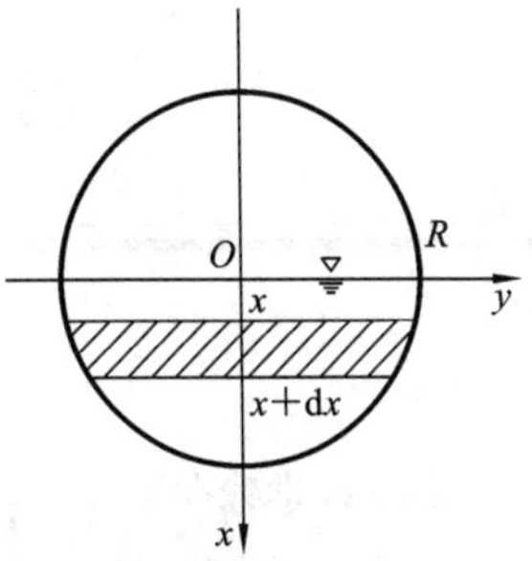

图 6-17

习题五

1. 弹簧压缩所受的力 F 与压缩距离成正比，现在弹簧由原长压缩了 6 厘米，问需作多少功？

2. 半径为 2 米的圆柱形水池中充满了水，现在要从池中汲出水，使水面降低 5 米，问需作多少功？

复 习 题 六

1. 计算下列各题：

(1) $\int_1^2 \left(x + \frac{1}{x}\right)^2 dx$；　(2) $\int_{-1}^1 (x-1)^3 dx$；　(3) $\int_0^1 (1+x^2)^2 d(x^2)$；

(4) $\int_{e^2}^{e} \frac{\ln^2 x}{x} dx$；　(5) $\int_{-1}^1 \arcsin x\,dx$；　(6) $\int_0^{\pi} e^x \sin x\,dx$；

(7) $\int_1^e \frac{1+\ln x}{x} dx$；　(8) $\int_0^1 x^2 e^x dx$；　(9) $\int_1^4 \frac{\ln x}{\sqrt{x}} dx$；

(10) $\int_0^1 x\arctan x\,dx$；　(11) $\int_0^{\frac{\pi}{2}} \sin^2 x\cos^2 x\,dx$；　(12) $\int_1^2 x\log_2 x\,dx$.

2. 求下列曲线所围成的平面图形的面积：

(1) $y=2x^2$，$y=x^2$ 与 $y=1$；

(2) $y=\sin x$，$y=\cos x$ 与直线 $x=0$，$x=\frac{\pi}{2}$；

(3) $y=3+2x-x^2$ 与直线 $x=1$ 和 $x=4$ 及 x 轴.

3. 已知圆 $(x-2)^2+y^2=1$，求该圆绕 y 轴旋转所得旋转体的体积.

4. 把半径为 r 的球沉入水中，它与水面相切，球的密度与水的密度相同，将球从水中取出，要作多少功？

第 7 章　常微分方程

英国数学家怀特曾指出:"数学是一门理性的科学,它是研究、了解和知晓现实世界的工具."微分方程就显示着数学的这种威力和价值. 1846 年,科学家通过微分方程求解,发现了海王星,这一直在科学界传为佳话. 实际上,很多问题都可以抽象为微分方程问题,例如,人口的增长、药物在人体内的分布、香烟过滤嘴的作用等等.

微分方程有着完整的理论体系,但是我们只学习它的基本概念,介绍四类简单的微分方程的形式及其解法,并结合实际问题研究微分方程的一些应用.

第 1 节　常微分方程的基本概念

一、引例

例 1　已知曲线过点(1,2),并且该曲线上任意一点 $M(x,y)$ 处的切线斜率为 $2x$,求曲线方程.

解　设该曲线为 $y=f(x)$,则

$$y'=2x, \quad y=\int 2x\mathrm{d}x = x^2+C.$$

因为曲线过点(1,2),则

$$2=1^2+C, \quad 即 \quad C=1,$$

所以此曲线方程 $y=x^2+1$.

二、常微分方程的基本概念

1. 微分方程

(1) 定义:含有未知函数的导数或微分的方程称为微分方程.

例 2　下列方程哪些是微分方程?

(1) $y''-3y'+2y=0$;　　(2) $\mathrm{d}y=(2x+6)\mathrm{d}x$;

(3) $y^2-2y+x=0$;　　(4) $\frac{\mathrm{d}^2y}{\mathrm{d}x^2}=\sin x+1$.

解　(1)、(2)、(4)是微分方程.

(2) 分类：

常微分方程：未知函数是一元函数的微分方程，如 $y''-x=0$，$dy=\cos x dx$.

偏微分方程：未知函数是多元函数的微分方程，如$\frac{\partial^2 z}{\partial x^2}+\frac{\partial^2 z}{\partial y^2}=0$.

2. 微分方程的阶

定义：微分方程中未知函数导数的最高阶数称为微分方程的阶.

例 2 中(1)是二阶微分方程，(2)是一阶微分方程，(4)是二阶微分方程.

3. 微分方程的解

定义：使方程成为恒等式的函数称为微分方程的解.

微分方程的解有两种形式：通解和特解. 如果方程的解中，含有独立的任意常数的个数与方程的阶数相等，这样的解称为微分方程的通解. 例 1 中解得 $y=x^2+C$ 是 $y'=2x$ 的通解. 如果微分方程的解中不包含任意常数，这样的解称为微分方程的特解. 例 1 中解得 $y=x^2+1$ 是 $y'=2x$ 的特解.

由于通解含有任意常数，必须通过某些条件来确定这些任意常数，这样的条件称为初始条件. 而求微分方程满足初始条件的解的问题，称为初值问题.

另外，微分方程通解的图形是一族积分曲线，而特解的图形是积分曲线族中的一条曲线.

例 3　在曲线族 $y=C_1e^x+C_2e^{-x}$ 中，求满足条件 $y(0)=2$，$y'(0)=0$ 的曲线.

解　因为

$$y=C_1e^x+C_2e^{-x},$$

将 $y(0)=2$ 代入得

$$C_1+C_2=2,$$

将 $y'(0)=0$ 代入得

$$C_1-C_2=0,$$

即

$$\begin{cases}C_1+C_2=2\\C_1-C_2=0\end{cases}，\text{解得}\quad\begin{cases}C_1=1\\C_2=1\end{cases},$$

因此

$$y=e^x+e^{-x}.$$

习题一

1. 下列答案是 $y'=y$ 的解吗？

(1) $y=Ce^x$；　(2) $y=2e^x$；　(3) $y=e^x+1$.

2. 求证 $y=e^x$ 是 $y''-2y'+y=0$ 的解.

第 2 节　可分离变量的微分方程

如果微分方程的阶是一阶，它就是一阶微分方程. 下面，我们来学习最简单的一阶微分方程——可分离变量的微分方程.

一、标准形式

定义:形如$\frac{dy}{dx}=h(x)g(y)$的一阶微分方程.

它的特点是:方程经过适当变形,可以写成一端只含 y 的函数和 dy,另一端只含 x 的函数和 dx.

例 1 判断下列方程是否为可分离变量微分方程.

(1) $\frac{dy}{dx}=2xy^2$; (2) $y'-\frac{2y}{x+1}-(x+1)^2=0$.

解 (1) $\frac{dy}{dx}=2xy^2$ 符合标准形式,是可分离变量微分方程.

(2)
$$y'-\frac{2y}{x+1}-(x+1)^2=0,$$
即
$$\frac{dy}{dx}=\frac{2y}{x+1}+(x+1)^2,$$
不符合标准形式,不是可分离变量微分方程.

二、求解步骤

1. 分离变量

将$\frac{dy}{dx}=h(x)g(y)$分离变量,有
$$\frac{1}{g(y)}dy=h(x)dx. \tag{7-1}$$

2. 两边积分

将上式两边积分,有
$$\int\frac{1}{g(y)}dy=\int h(x)dx.$$

例 2 求微分方程的通解:

(1) $\frac{dy}{dx}=2y^2\sin x$; (2) $y'-2xy=0$.

解 (1) 由$\frac{dy}{dx}=2y^2\sin x$,分离变量有
$$\frac{1}{y^2}dy=2\sin x dx,$$
对上式两边积分,有
$$\int y^{-2}dy=\int 2\sin x dx,$$

$$-\frac{1}{y}=-2\cos x+C_1,$$

方程通解
$$y=\frac{1}{2\cos x+C}.$$

(2) 由 $y'-2xy=0$,有

$$\frac{\mathrm{d}y}{\mathrm{d}x}=2xy,$$

分离变量
$$\frac{1}{y}\mathrm{d}y=2x\mathrm{d}x,$$

对上式两边积分,有

$$\int\frac{1}{y}\mathrm{d}y=\int 2x\mathrm{d}x,\quad \ln|y|=x^2+C_1,$$

$$|y|=\mathrm{e}^{x^2+C_1},\quad y=\pm\mathrm{e}^{x^2+C_1},$$

方程通解
$$y=C\mathrm{e}^{x^2}.$$

例 3 放射性元素铀的衰变速度与当时未衰变的原子含量成正比. 已知 $t=0$ 时铀的含量为 M_0,求在衰变过程中铀含量 $M(t)$ 随时间 t 变化的规律.

解 铀的衰变速度就是 $M(t)$ 对时间 t 的导数 $\frac{\mathrm{d}M}{\mathrm{d}t}$,由题意得 $\frac{\mathrm{d}M}{\mathrm{d}t}=kM$,即

$$\frac{1}{M}\mathrm{d}M=k\mathrm{d}t,$$

对上式两边积分,有
$$\int\frac{1}{M}\mathrm{d}M=\int k\mathrm{d}t,\quad \ln|M|=kt+C_1,$$

$$|M|=\mathrm{e}^{kt+C_1},\quad M=\pm\mathrm{e}^{kt+C_1},$$

方程通解
$$M=C\mathrm{e}^{kt}.$$

当 $t=0$ 时,$M=M_0$,故

$$M_0=C\mathrm{e}^0=C,$$

方程特解
$$M=M_0\mathrm{e}^{kt}.$$

习题二

求微分方程的通解:

(1) $\frac{\mathrm{d}y}{\mathrm{d}x}=(1+x+x^2)y$;　　(2) $2x^2+3x-5y'=0$.

第 3 节　一阶线性微分方程

一、标准形式

定义:形如 $\frac{\mathrm{d}y}{\mathrm{d}x}+P(x)y=Q(x)$ 的一阶线性微分方程为其标准形式.

其中 $P(x)$,$Q(x)$为已知函数,$Q(x)$称为自由项. 当 $Q(x)=0$ 时,方程称为一阶齐次线性微分方程;当 $Q(x)\neq 0$ 时,方程称为一阶非齐次线性微分方程.

例 1 判断下列方程是哪一类微分方程?

(1) $\dfrac{\mathrm{d}y}{\mathrm{d}x}=2xy$;　　(2) $\dfrac{\mathrm{d}y}{\mathrm{d}x}+5xy=\cos x$.

解 (1)是可分离变量的微分方程,$\dfrac{\mathrm{d}y}{\mathrm{d}x}-2xy=0$ 也是一阶齐次线性微分方程.

(2)是一阶非齐次线性微分方程.

二、解法

1. 一阶齐次线性微分方程

$$\frac{\mathrm{d}y}{\mathrm{d}x}+P(x)y=0,$$

对上式分离变量

$$\frac{1}{y}\mathrm{d}y=-P(x)\mathrm{d}x,$$

对上式两边积分

$$\int\frac{1}{y}\mathrm{d}y=-\int P(x)\mathrm{d}x,$$

即

$$\ln|y|=-\int P(x)\mathrm{d}x,$$

方程通解

$$y=C\mathrm{e}^{-\int P(x)\mathrm{d}x}.$$

例 2 求微分方程$\dfrac{\mathrm{d}y}{\mathrm{d}x}=2xy$ 的通解.

解 方法一:分离变量

$$\frac{1}{y}\mathrm{d}y=2x\mathrm{d}x,$$

两边积分

$$\int\frac{1}{y}\mathrm{d}y=\int 2x\mathrm{d}x,$$

$$\ln|y|=x^2+C_1,\quad 即\quad |y|=\mathrm{e}^{x^2+C_1},$$

方程通解

$$y=C\mathrm{e}^{x^2}.$$

方法二:因为

$$P(x)=-2x,\quad Q(x)=0,$$

代入通解公式得

$$y=C\mathrm{e}^{-\int(-2x)\mathrm{d}x}=C\mathrm{e}^{\int 2x\mathrm{d}x},$$

方程通解

$$y=C\mathrm{e}^{x^2}.$$

2. 一阶非齐次线性微分方程

(1) 常数变易法

一阶齐次线性微分方程的通解为 $y = Ce^{-\int P(x)dx}$，将常数 C 换成 $C(x)$后代入一阶非齐次线性微分方程，整理后得到

$$C'(x)e^{-\int P(x)dx} = Q(x),$$

即

$$C'(x) = Q(x)e^{\int P(x)dx},$$

对上式两边积分

$$C(x) = \int Q(x)e^{\int P(x)dx}dx + C,$$

即

$$y = \left[\int Q(x)e^{\int P(x)dx}dx + C\right]e^{-\int P(x)dx}.$$

以上就是一阶非齐次线性微分方程的通解. 这种方法称为常数变易法，其求解步骤是：

① 先求出齐次线性微分方程的通解；

② 根据齐次线性微分方程的通解，设出非齐次线性微分方程的解；

③ 将所设解代入非齐次线性微分方程，解出 $C(x)$即得非齐次线性微分方程的通解.

(2) 通解公式

由一阶非齐次线性微分方程求出 $P(x)$，$Q(x)$，代入通解公式

$$y = \left[\int Q(x)e^{\int P(x)dx}dx + C\right]e^{-\int P(x)dx},$$

整理后即得方程通解.

例 3　求微分方程$\frac{dy}{dx}-\frac{1}{x}y=\ln x$ 的通解.

解　对应齐次线性方程为

$$\frac{dy}{dx}-\frac{1}{x}y=0,$$

代入通解公式得

$$y = Ce^{-\int\left(-\frac{1}{x}\right)dx} = Ce^{\ln x} = Cx.$$

齐次线性微分方程通解

$$y=Cx.$$

方法一：常数变易法.

设 $y=C(x)\cdot x$ 为非齐次线性微分方程通解，将其代入非齐次线性微分方程后，整理得

$$C'(x)=\frac{1}{x}\ln x,$$

$$C(x) = \int \frac{1}{x}\ln x dx = \int \ln x d(\ln x) = \frac{1}{2}(\ln x)^2 + C.$$

因此原方程通解

$$y=\frac{1}{2}x(\ln x)^2+Cx.$$

方法二：利用通解公式求解.

$$P(x)=-\frac{1}{x},\quad Q(x)=\ln x,$$

$$y=\left[\int \ln x e^{\int\left(-\frac{1}{x}\right)dx}dx+C\right]e^{-\int\left(-\frac{1}{x}\right)dx}=\left[\int \frac{1}{x}\ln x dx+C\right]x$$

$$=\left[\int \ln x d(\ln x)+C\right]x=\left[\frac{1}{2}(\ln x)^2+C\right]x=\frac{1}{2}x(\ln x)^2+Cx.$$

习题三

求微分方程的通解：

(1) $\frac{dy}{dx}-(1+x+x^2)y=0$；　　(2) $\frac{dy}{dx}+\frac{1}{x}y=\frac{\sin x}{x}$.

第 4 节　可降阶的高阶微分方程

高阶微分方程是指二阶及二阶以上的微分方程. 一般来说，微分方程的阶数越高，求解的难度就越大. 本节主要介绍两种可用降阶法求解的高阶微分方程.

一、$y^{(n)}=f(x)$型的微分方程

这种方程的一端为自变量 x 的函数，另一端为未知函数 y 的 n 阶导数，我们只需要通过 n 次积分就可以得到方程的通解.

例 1　求 $y'''=2x-1$ 的通解.

解　对所给方程接连积分三次，得

$$y''=\int(2x-1)dx=x^2-x+C_1,$$

$$y'=\int(x^2-x+C_1)dx=\frac{1}{3}x^3-\frac{1}{2}x^2+C_1x+C_2,$$

$$y=\int\left(\frac{1}{3}x^3-\frac{1}{2}x^2+C_1x+C_2\right)dx,$$

通解

$$y=\frac{1}{12}x^4-\frac{1}{6}x^3+\frac{1}{2}C_1x^2+C_2x+C_3.$$

二、$y''=f(x,y')$型的微分方程

这种方程的右端不显含未知函数 y. 其解法是令 $y'=p(x)$，则 $y''=p'(x)$，代入原方程得 $p'(x)=f(x,p(x))$，求出通解 $p=p(x,C_1)$，于是 $y'=p(x,C_1)$，两边积分就得到原方程通解

$$y=\int p(x,C_1)dx+C_2.$$

例 2　求 $y''-\frac{2}{x}y'=x^2+1$ 的通解.

解　设 $y'=p(x)$，$y''=p'(x)$，则

$$p'-\frac{2}{x}p=x^2+1,$$

又设 $P(x)=-\frac{2}{x}$，$Q(x)=x^2+1$，则

$$\begin{aligned}p(x)&=\left[\int(x^2+1)e^{\int\left(-\frac{2}{x}\right)dx}dx+C_1\right]e^{-\int\left(-\frac{2}{x}\right)dx}=\left[\int(x^2+1)e^{-2\ln x}dx+C_1\right]e^{2\ln x}\\&=\left[\int(x^2+1)\frac{1}{x^2}dx+C_1\right]x^2=\left[\int(1+x^{-2})dx+C_1\right]x^2\\&=\left(x-\frac{1}{x}+C_1\right)x^2=x^3-x+C_1x^2.\end{aligned}$$

因为 $y'=p(x)$，所以两边积分得

$$y=\int(x^3-x+C_1x^2)dx,$$

方程通解　$$y=\frac{1}{4}x^4-\frac{1}{2}x^2+\frac{1}{3}C_1x^3+C_2.$$

例 3　如图 7-1 所示，位于坐标原点的我舰向位于 x 轴上 $A(1,0)$ 处的敌舰发射制导鱼雷，鱼雷始终对准敌舰，设敌舰以 v_0 沿平行于 y 轴的直线航行，鱼雷的速度为 $2v_0$，求鱼雷航行的轨迹方程.

解　设鱼雷航行的轨迹方程为 $y=f(x)$，鱼雷坐标为 $P(x,y)$，敌舰坐标为 $Q(1,v_0t)$，则

$$y'=\frac{v_0t-y}{1-x},$$

弧 $\overset{\frown}{OP}$ 长度为　$$\int_0^x\sqrt{1+(y')^2}dx=2v_0t,$$

化简后得　$$(1-x)y''=\frac{1}{2}\sqrt{1+(y')^2}.$$

令 $y'=p(x)$，$y''=p'(x)$，得

$$(1-x)p'=\frac{1}{2}\sqrt{1+p^2},$$

求得　$$y'+\sqrt{1+(y')^2}=C_1(1-x)^{-\frac{1}{2}},$$

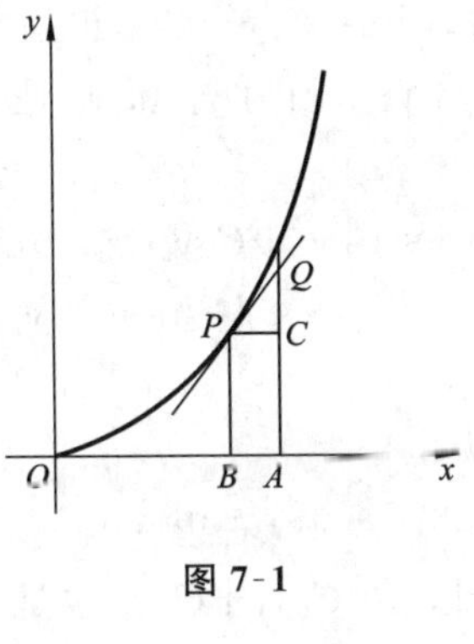

图 7-1

由 $y'(0)=0$ 得 $C_1=1$，所以

$$y'+\sqrt{1+(y')^2}=(1-x)^{-\frac{1}{2}},$$

化简后得　$$y=-(1-x)^{\frac{1}{2}}+\frac{1}{3}(1-x)^{\frac{3}{2}}+C_2,$$

由 $y(0)=0$ 得　$$C_2=\frac{2}{3},$$

因此鱼雷航行的轨迹方程为

$$y=-(1-x)^{\frac{1}{2}}+\frac{1}{3}(1-x)^{\frac{3}{2}}+\frac{2}{3}.$$

习题四

求微分方程的通解：

(1) $y'''=x^2-\sin x+1$；　　(2) $y''+y'-x=0$.

第5节　二阶常系数线性微分方程

在工程技术中，我们经常会用到二阶常系数线性微分方程，如物体自由振动的微分方程就属于此类. 在这一节，我们将讨论这一类方程的标准形式及其解法.

一、标准形式

定义1　形如 $y''+py'+qy=f(x)$ 的方程，称为二阶常系数线性微分方程，其中 p,q 为常数，$f(x)$ 称为自由项.

当 $f(x)=0$ 时，方程称为二阶常系数齐次线性微分方程；当 $f(x)\neq 0$ 时，方程称为二阶常系数非齐次线性微分方程.

二、二阶常系数线性微分方程解的结构

定理1　如果 y_1 和 y_2 是二阶常系数齐次线性微分方程 $y''+py'+qy=0$ 的两个解，则 $y=C_1y+C_2y$ 也是方程的解.

证　因为 y_1 和 y_2 是方程的解，所以

$$y''_1+py'_1+qy_1=0,\quad y''_2+py'_2+qy_2=0,$$

将 $y=C_1y_1+C_2y_2$ 代入方程左端，则

$$\begin{aligned}\text{左边}&=(C_1y_1+C_2y_2)''+p(C_1y_1+C_2y_2)'+q(C_1y_1+C_2y_2)\\&=C_1(y''_1+py'_1+qy_1)+C_2(y''_2+py'_2+qy_2)\\&=0,\\\text{右边}&=0,\end{aligned}$$

所以 $y=C_1y_1+C_2y_2$ 也是方程的解.

虽然 $y=C_1y_1+C_2y_2$ 是方程的解，但是它不一定是方程的通解. 那么在什么条件下 $y=C_1y_1+C_2y_2$ 才是方程的通解呢？为了解决这个问题，下面给出线性相关与线性无关的概念.

定义2　如果两个不恒为零的函数 y_1 与 y_2，存在一个常数 C，使得 $\frac{y_2}{y_1}=C$，则函

数 y_1 与 y_2 线性相关,否则 y_1 与 y_2 线性无关.

例 1　判断下列函数的线性相关性:

(1) $x, 2x$;　　　(2) e^{2x}, e^x.

解　(1) 因为 $\frac{2x}{x}=2$,所以 y_1 与 y_2 线性相关.

(2) 因为 $\frac{e^x}{e^{2x}}=\frac{1}{e^x}$,所以 y_1 与 y_2 线性无关.

定理 2　如果 y_1 和 y_2 是二阶常系数齐次线性微分方程 $y''+py'+qy=0$ 的两个线性无关的解,则 $y=C_1y_1+C_2y_2$ 是方程的通解.

根据定理 2,设 $y_1=e^x$ 和 $y_2=e^{2x}$ 是 $y''-3y'+2y=0$ 的两个线性无关的解,则 $y=C_1e^x+C_2e^{2x}$ 是方程的通解.

定理 3　如果 y^* 是二阶常系数非齐次线性微分方程的一个特解,而 Y 是对应的齐次线性微分方程的通解,则 $y=y^*+Y$ 是非齐次线性微分方程的通解.

三、二阶常系数齐次线性微分方程的解法

我们来观察方程 $y''+py'+qy=0$,它的特点是 y, y', y'' 分别乘以相应的常数以后其和为零,所以 y 必须与 y', y'' 是同类函数,这就使我们想到了 $y=e^{rx}$(r 为常数),它恰恰可以满足这一要求.

设 $y=e^{rx}$ 为方程的解,则 $y'=re^{rx}, y''=r^2e^{rx}$,并代入方程 $y''+py'+qy=0$,得

$$r^2e^{rx}+pre^{rx}+qe^{rx}=0,$$

$$e^{rx}(r^2+pr+q)=0,$$

由于 $e^{rx}\neq 0$,所以

$$r^2+pr+q=0.$$

于是,只要由 $r^2+pr+q=0$ 解出 r,就可求出 $y=e^{rx}$. 所以,我们把 $r^2+pr+q=0$ 称为齐次方程 $y''+py'+qy=0$ 的特征方程,它的根称为特征根.

下面,我们根据特征根的几种情况,给出方程 $y''+py'+qy=0$ 的通解的几种形式:

(1) 当 $\Delta=p^2-4q>0$ 时,特征方程有两个不相等的实根 r_1 和 r_2,那么方程有两个特解

$$y_1=e^{r_1x},\quad y_2=e^{r_2x},$$

且

$$\frac{y_1}{y_2}=\frac{e^{r_1x}}{e^{r_2x}}=e^{(r_1-r_2)x},$$

因此 y_1 与 y_2 线性无关,方程的通解为

$$y=C_1e^{r_1x}+C_2e^{r_2x}.$$

(2) 当 $\Delta=p^2-4q=0$ 时,特征方程有两个相等的实根 r_1 和 r_2,即 $r=r_1=r_2$,方

程有两个特解

$$y_1=e^{rx}\text{ 和 }y_2=xe^{rx},$$

且
$$\frac{y_1}{y_2}=\frac{e^{rx}}{xe^{rx}}=\frac{1}{x},$$

因此 y_1 与 y_2 线性无关，方程的通解为

$$y=(C_1+C_2x)e^{rx}.$$

(3) 当 $\Delta=p^2-4q<0$ 时，特征方程有一对共轭复根 $r_1=\alpha+\beta i$ 和 $r_2=\alpha-\beta i$（α,β 是常数，$\beta\neq0$），方程有两个特解

$$y_1=e^{(\alpha+\beta i)x}\quad\text{和}\quad y_2=e^{(\alpha-\beta i)x},$$

且
$$\frac{y_1}{y_2}=\frac{e^{(\alpha+\beta i)x}}{e^{(\alpha-\beta i)x}}=e^{2\beta ix},$$

因此 y_1 与 y_2 线性无关，利用欧拉公式可得方程的通解为

$$y=e^{\alpha x}(C_1\cos\beta x+C_2\sin\beta x).$$

我们归纳得到求方程 $y''+py'+qy=0$ 的通解的三个步骤：

(1) 写出对应的特征方程 $r^2+pr+q=0$；

(2) 求出特征根 r_1 和 r_2；

(3) 根据特征根的情况求出方程的通解.

特征方程的根及方程的通解如表 7-1 所示.

表 7-1

特征方程的根	方程的通解
两个不相等的实根 r_1 和 r_2	$y=C_1e^{r_1x}+C_2e^{r_2x}$
两个相等的实根 $r=r_1=r_2$	$y=(C_1+C_2x)e^{rx}$
一对共轭复根 $r=\alpha\pm\beta i$	$y=e^{\alpha x}(C_1\cos\beta x+C_2\sin\beta x)$

例 2 求下列方程的通解：

(1) $y''-3y'+2y=0$； (2) $y''+4y'+4y=0$；

(3) $y''-4y'+5y=0$.

解 (1)
$$y''-3y'+2y=0,$$

其中 $p=-3,q=2$，则特征方程

$$r^2-3r+2=0,\quad (r-1)(r-2)=0,$$

即
$$r_1=1,\quad r_2=2.$$

方程通解
$$y=C_1e^x+C_2e^{2x}.$$

(2)
$$y''+4y'+4y=0,$$

其中 $p=4,q=4$，则特征方程

$$r^2+4r+4=0,\quad (r+2)^2=0,$$

即　$$r_1=r_2=-2.$$

方程通解　$$y=(C_1+C_2x)e^{-2x}.$$

(3)　$$y''-4y'+5y=0,$$

其中 $p=-4,q=5$，则特征方程

$$r^2-4r+5=0,$$

$$r_{1,2}=\frac{4\pm\sqrt{16-4\times1\times5}}{2}=2\pm i.$$

方程通解　$$y=e^{2x}(C_1\cos x+C_2\sin x).$$

四、二阶常系数非齐次线性微分方程的解法

根据定理 3 可知，要求非齐次线性微分方程的通解 y，就是要求齐次线性微分方程的通解 Y 与非齐次线性微分方程的一个特解 y^*. 关于齐次线性微分方程通解 Y 的问题，我们已经解决. 所以，我们如何求 y^* 成为问题的关键.

在这里，我们只讨论自由项 $f(x)$ 取以下两种形式时，非齐次线性微分方程 y^* 的求法.

1. $f(x)=P_n(x)$，其中 $P_n(x)$ 是 n 次多项式

设方程 $y''+py'+qy=f(x)$，$f(x)=P_n(x)$，则它的特解 y^* 的形式可以这样来设定：

(1) 当 $q\neq0$ 时，设 $y^*=Q_n(x)$；

(2) 当 $q=0$，但 $p\neq0$ 时，设 $y^*=xQ_n(x)$，其中 $Q_n(x)$ 与 $P_n(x)$ 是同次的多项式.

例 3　求方程 $y''+5y'+4y=3-2x$ 的通解.

解　齐次线性微分方程

$$y''+5y'+4y=0,$$

特征方程　$$r^2+5r+4=0,\quad (r+1)(r+4)=0,$$

特征根为　$$r_1=-1,\quad r_2=-4.$$

齐次线性微分方程通解

$$y=C_1e^{-x}+C_2e^{-4x},$$

非齐次线性微分方程

$$y''+5y'+4y=3-2x,$$

设特解　$$y^*=Ax+B,$$

则　$$(y^*)'=A,\quad (y^*)''=0,$$

代入非齐次线性微分方程得

$$0+5A+4(Ax+B)=3-2x,$$

$$4Ax+5A+B=-2x+3,$$

即
$$\begin{cases}4A=-2,\\5A+B=3,\end{cases}$$

解得
$$\begin{cases}A=-\dfrac{1}{2},\\B=\dfrac{11}{8}.\end{cases}$$

所以非齐次线性微分方程的特解
$$y^*=-\frac{1}{2}x+\frac{11}{8},$$

非齐次线性微分方程的通解
$$y=C_1\mathrm{e}^{-x}+C_2\mathrm{e}^{-4x}-\frac{1}{2}x+\frac{11}{8}.$$

2. $f(x)=\mathrm{e}^{\lambda x}$，其中 λ 为常数

(1) 如果 λ 不是特征根，方程有特解 $y^*=A\mathrm{e}^{\lambda x}$；

(2) 如果 λ 是特征单根，方程有特解 $y^*=Ax\mathrm{e}^{\lambda x}$；

(3) 如果 λ 是特征重根，方程有特解 $y^*=Ax^2\mathrm{e}^{\lambda x}$.

例 4 求方程 $y''-3y'+2y=\mathrm{e}^{3x}$ 的通解.

解 齐次线性微分方程为 $y''-3y'+2y=0$,

其中 $p=-3,\quad q=2$,

特征方程 $r^2-3r+2=0$,

特征根为 $r_1=1,\quad r_2=2$.

齐次线性微分方程通解
$$y=C_1\mathrm{e}^{x}+C_2\mathrm{e}^{2x}.$$

非齐次线性微分方程
$$y''-3y'+2y=\mathrm{e}^{3x},$$

设特解 $y^*=A\mathrm{e}^{3x}$ （$\lambda=3$ 不是特征根），

则 $(y^*)'=3A\mathrm{e}^{3x},\quad (y^*)''=9A\mathrm{e}^{3x}$,

代入非齐次线性微分方程得
$$9A\mathrm{e}^{3x}-3\cdot 3A\mathrm{e}^{3x}+2A\mathrm{e}^{3x}=\mathrm{e}^{3x},$$

即 $2A\mathrm{e}^{3x}=\mathrm{e}^{3x}$，解得 $A=\dfrac{1}{2}$.

非齐次线性微分方程的特解
$$y^*=\frac{1}{2}\mathrm{e}^{3x},$$

非齐次线性微分方程的通解
$$y=C_1\mathrm{e}^{x}+C_2\mathrm{e}^{2x}+\frac{1}{2}\mathrm{e}^{3x}.$$

习题五

求下列方程的通解：

(1) $y''-4y'-5y=0$；

(2) $y''+6y'+13y=0$；

(3) $y''+2y'=3x+2$；

(4) $y''-y'-2y=\mathrm{e}^{x}$.

复 习 题 七

求下列方程的通解：

(1) $\dfrac{\mathrm{d}y}{\mathrm{d}x}=3y\cos x$；

(2) $\dfrac{\mathrm{d}y}{\mathrm{d}x}+y=\mathrm{e}^{-x}$；

(3) $y'''=3x^2-2$；

(4) $y''+3y'+2x=0$；

(5) $y''+2y'+5y=0$；

(6) $y''-2y'+y=\mathrm{e}^{4x}$.

第 8 章　向量代数与空间解析几何

在平面解析几何中，我们通过坐标法把平面上的点与有序实数对一一对应起来，这样平面图形就与方程联系起来了，进而就可以用代数方法来研究几何问题．空间解析几何也是按照类似的方法建立起来的．

向量代数与空间解析几何是多元函数微积分的基础知识，也是学习后续的力学、电学等的必备知识．

本章将介绍空间直角坐标系和向量的概念、运算，进而建立空间平面方程和空间直线方程，最后介绍一点简单的空间曲面方程．

第 1 节　空间直角坐标系与向量

一、空间直角坐标系

1．空间直角坐标系的建立

过空间定点 O 作 3 条互相垂直的数轴 Ox,Oy,Oz（简称 x 轴、y 轴、z 轴），并且这 3 个坐标轴正向符合右手法则：伸开右手，让拇指与四指垂直，当右手四指从 x 轴正向以逆时针旋转 $90°$ 转向 y 轴的正向时，这时大拇指所指的方向就是 z 轴的正向．按这样规定所构成的坐标系称为空间直角坐标系，如图 8-1 所示．点 O 称为坐标原点，x 轴、y 轴、z 轴称为横轴、纵轴、竖轴．由任意两条坐标轴确定的平面称为坐标面，因此空间直角坐标系有坐标面 xOy，yOz 和 zOx．3 个坐标面把空间分成 8 个部分，称为 8 个卦限，它们按逆时针方向排列，如图 8-2 所示．

设点 P 为空间内的一点，过点 P 分别作垂直于 x 轴、y 轴、z 轴的三个平面，它们与三个坐标轴分别交于 A、B、C 三点，如图 8-3 所示．如果点 A、B、C 在三个轴上的坐标分别为 x、y、z，则一组有序实数组 x、y、z 就称为点 P 的坐标，记为 $P(x,y,z)$，它们分别称为点 P 的横坐标、纵坐标和竖坐标．反过来，一组有序实数组 x、y、z 也对应了空间中唯一确定的点 P．因此，它们之间就这样建立了一一对应的关系．

2．空间中两点间的距离公式

设空间中有两点 $P_1(x_1,y_1,z_1)$，$P_2(x_2,y_2,z_2)$，求它们之间的距离 d．

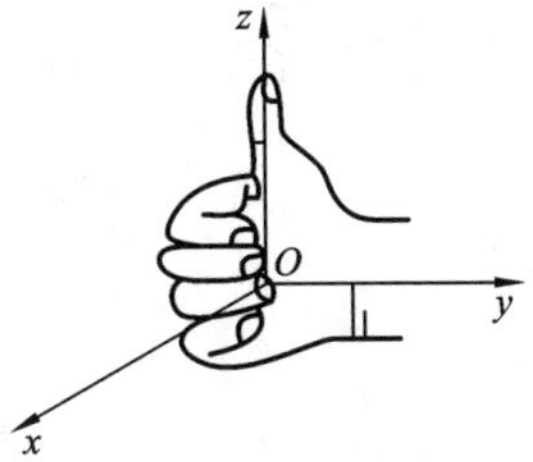

图 8-1

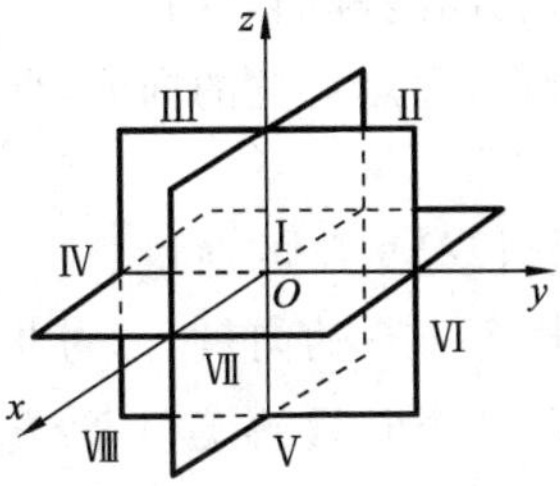

图 8-2

如图 8-4 所示，过点 P_1、P_2 各作 3 个平面分别垂直于 3 个坐标轴，形成一个长方体. 易知

$$
\begin{aligned}
d=|P_1P_2| &= \sqrt{|P_1A|^2+|AB|^2+|BP_2|^2} \\
&= \sqrt{|P'_1A'|^2+|A'P'_2|^2+|BP_2|^2} \\
&= \sqrt{(x_2-x_1)^2+(y_2-y_1)^2+(z_2-z_1)^2}.
\end{aligned}
$$

即空间中两点间的距离公式：

$$|P_1P_2|=\sqrt{(x_2-x_1)^2+(y_2-y_1)^2+(z_2-z_1)^2}.$$

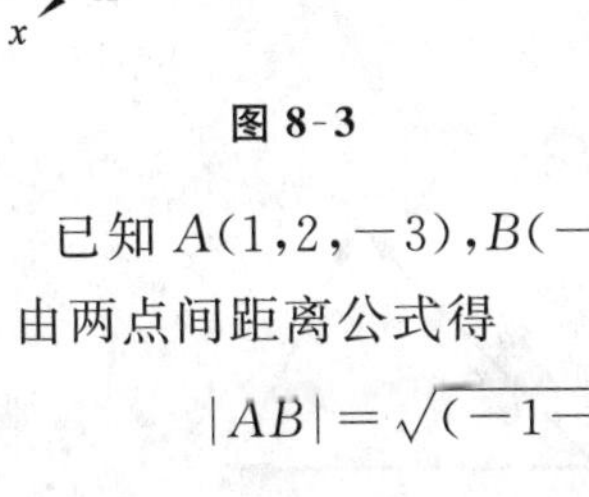

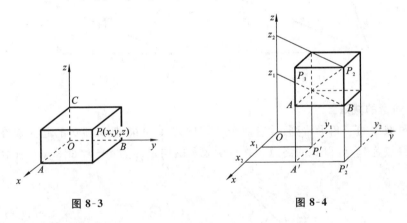

图 8-3

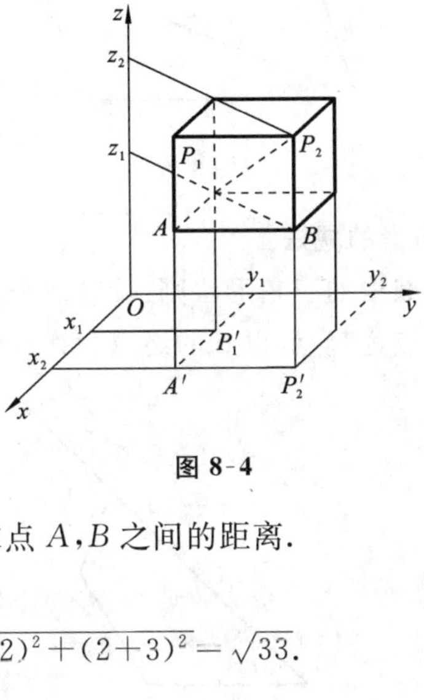

图 8-4

例 1　已知 $A(1,2,-3)$，$B(-1,0,2)$，求点 A,B 之间的距离.

解　由两点间距离公式得

$$|AB|=\sqrt{(-1-1)^2+(0-2)^2+(2+3)^2}-\sqrt{33}.$$

二、向量的概念

我们知道，有一类量如质量、功、距离等只有大小没有方向，这类量称为数量或标量. 而另一类量既有大小又有方向，这类量称为向量或矢量. 向量常常用有向线段来表示，如图 8-5 所示，记为 $\boldsymbol{a}$ 或 $\overrightarrow{AB}$. 向量的大小称为向量的模，记为 $|\boldsymbol{a}|$ 或 $|\overrightarrow{AB}|$，而向

量的方向就是有向线段的方向.

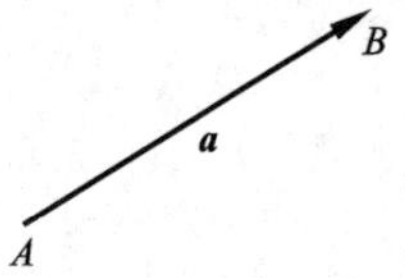

图 8-5

自由向量:与起点无关的向量,即向量可以在空间自由而平行地移动.

单位向量:模等于 1 的向量.

零向量:模等于 0 的向量,记为 $\mathbf{0}$.

向量相等:两个向量的模相等,方向相同.

向量平行(或共线):两个向量方向相同或相反.规定零向量与任一向量平行.

三、向量的运算

1. 向量的加法

向量加法的平行四边形法则:设有两个非零向量 $\boldsymbol{a}$ 和 $\boldsymbol{b}$,以 $\boldsymbol{a}$ 和 $\boldsymbol{b}$ 为邻边的平行四边形的对角线所表示的向量即为 $\boldsymbol{a}+\boldsymbol{b}$,如图 8-6 所示.

向量加法的三角形法则:设有两个非零向量 $\boldsymbol{a}$ 和 $\boldsymbol{b}$,以 $\boldsymbol{a}$ 的终点作为 $\boldsymbol{b}$ 的起点,则由 $\boldsymbol{a}$ 的起点到 $\boldsymbol{b}$ 的终点的向量即为 $\boldsymbol{a}+\boldsymbol{b}$,如图 8-7 所示.这个三角形法则可以推广到有限多个向量的加法,如图 8-8 所示.

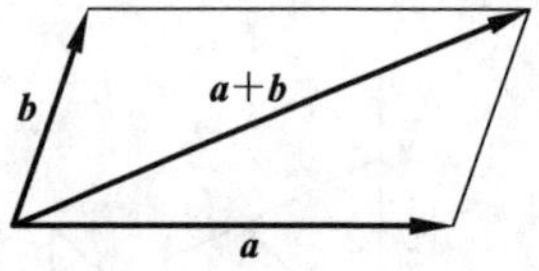

图 8-6

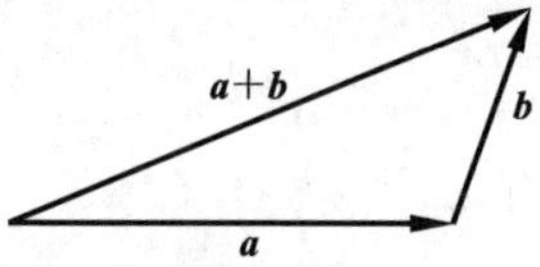

图 8-7

2. 向量的减法

向量减法的三角形法则:设有两个非零向量 $\boldsymbol{a}$ 和 $\boldsymbol{b}$,把 $\boldsymbol{a}$ 和 $\boldsymbol{b}$ 的起点放在一起,以 $\boldsymbol{b}$ 的终点为起点,以 $\boldsymbol{a}$ 的终点为终点所表示的向量即为 $\boldsymbol{a}-\boldsymbol{b}$,如图 8-9 所示.

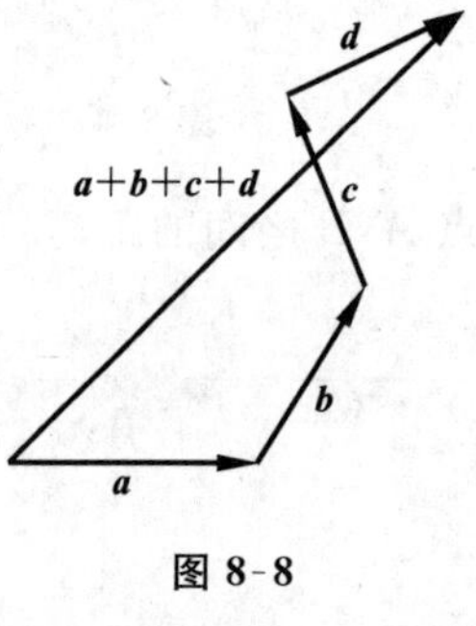

图 8-8

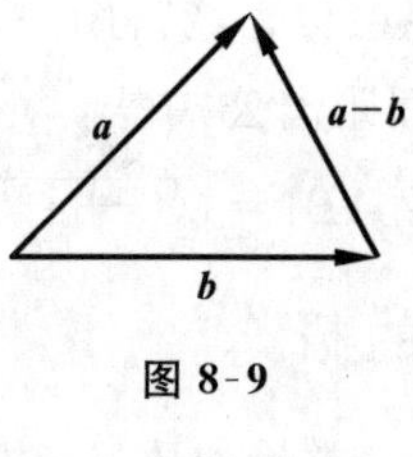

图 8-9

例 2　如图 8-10 所示,在 $\triangle ABC$,D 为 BC 的中点,记 $\overrightarrow{AB}=\boldsymbol{a}$,$\overrightarrow{AC}=\boldsymbol{b}$,请用 $\boldsymbol{a}$,$\boldsymbol{b}$ 表示 $\overrightarrow{BD}$ 和 $\overrightarrow{AD}$.

解
$$\overrightarrow{BC}=\boldsymbol{b}-\boldsymbol{a},$$
$$\overrightarrow{BD}=\frac{1}{2}\overrightarrow{BC}=\frac{1}{2}(\boldsymbol{b}-\boldsymbol{a}),$$
$$\overrightarrow{AD}=\overrightarrow{AB}+\overrightarrow{BD}=\boldsymbol{a}+\frac{1}{2}(\boldsymbol{b}-\boldsymbol{a})=\frac{1}{2}\boldsymbol{a}+\frac{1}{2}\boldsymbol{b}.$$

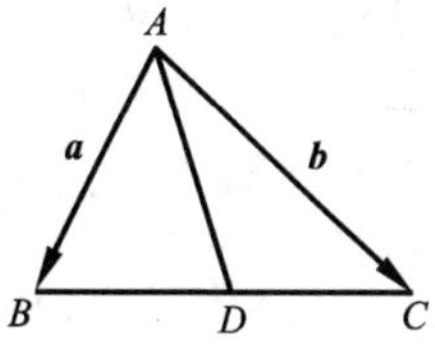

图 8-10

3. 向量的数乘运算

设 $\boldsymbol{a}$ 是非零向量，λ 为一个实数，则 $\boldsymbol{a}$ 与 λ 的乘积仍是一个向量，记为 $\lambda\boldsymbol{a}$，并规定：

(1) $|\lambda\boldsymbol{a}|=|\lambda||\boldsymbol{a}|$.

(2) 当 $\lambda>0$ 时，$\lambda\boldsymbol{a}$ 与 $\boldsymbol{a}$ 方向相同；

当 $\lambda<0$ 时，$\lambda\boldsymbol{a}$ 与 $\boldsymbol{a}$ 方向相反；

当 $\lambda=0$ 时，$\lambda\boldsymbol{a}=\boldsymbol{0}$.

向量的运算法则如下.

(1) 向量的加法：

交换律：　$\boldsymbol{a}+\boldsymbol{b}=\boldsymbol{b}+\boldsymbol{a}$；

结合律：　$(\boldsymbol{a}+\boldsymbol{b})+\boldsymbol{c}=\boldsymbol{a}+(\boldsymbol{b}+\boldsymbol{c})$.

(2) 向量的减法：

$$\boldsymbol{a}-\boldsymbol{b}=\boldsymbol{a}+(-\boldsymbol{b}).$$

(3) 向量的数乘：

交换律：　$\lambda\boldsymbol{a}=\boldsymbol{a}\lambda$；

结合律：　$\lambda(\mu\boldsymbol{a})=(\lambda\mu)\boldsymbol{a}=\mu(\lambda\boldsymbol{a})$；

分配律：　$(\lambda+\mu)\boldsymbol{a}=\lambda\boldsymbol{a}+\mu\boldsymbol{a}$，

$\lambda(\boldsymbol{a}+\boldsymbol{b})=\lambda\boldsymbol{a}+\lambda\boldsymbol{b}$　(λ,μ 为实数).

定理　设两个非零向量 $\boldsymbol{a}$ 和 $\boldsymbol{b}$，$\boldsymbol{a}$ 与 $\boldsymbol{b}$ 平行的充要条件是 $\boldsymbol{a}=\lambda\boldsymbol{b}(\lambda\neq0)$，即

$$\boldsymbol{a}/\!/\boldsymbol{b}\quad\Leftrightarrow\quad\boldsymbol{a}=\lambda\boldsymbol{b}\quad(\lambda\neq0).$$

设 $\boldsymbol{a}$ 是非零向量，把与 $\boldsymbol{a}$ 同向的单位向量记为 $\boldsymbol{e}_a$，于是有

$$\boldsymbol{a}=|\boldsymbol{a}|\boldsymbol{e}_a,\quad 即\quad \boldsymbol{e}_a=\frac{\boldsymbol{a}}{|\boldsymbol{a}|}.$$

四、向量运算的坐标表示

在空间直角坐标系中，与 x 轴，y 轴，z 轴正向同方向的 3 个单位向量分别记为 $\boldsymbol{i},\boldsymbol{j},\boldsymbol{k}$，称为基本单位向量，如图 8-11 所示. 把向量 $\boldsymbol{a}$ 的起点放在原点 O 上，其终点为

$M(x,y,z)$，过 $\boldsymbol{a}$ 的终点 M 作 3 个平面分别垂直于 3 条坐标轴，交点为 P,Q,R，则点 P 在 x 轴上的坐标为 x，点 Q 在 y 轴上的坐标为 y，点 R 在 z 轴上的坐标为 z. 易知

$$\overrightarrow{OP}=x\boldsymbol{i},\quad \overrightarrow{OQ}=y\boldsymbol{j},\quad \overrightarrow{OR}=z\boldsymbol{k}.$$

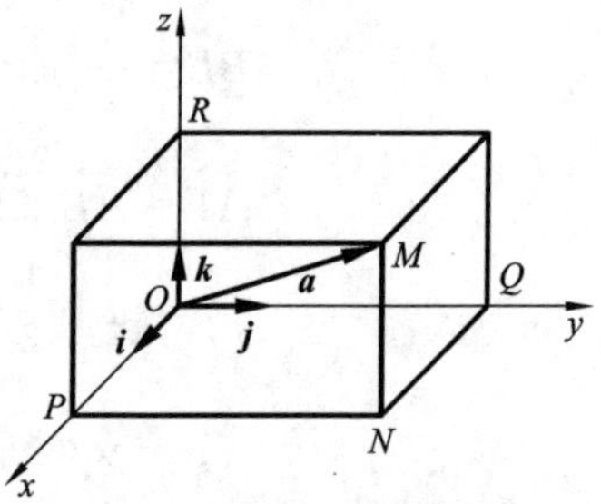

图 8-11

由向量加法的三角形法则，得

$$\boldsymbol{a}=\overrightarrow{OM}=\overrightarrow{ON}+\overrightarrow{NM}=\overrightarrow{OP}+\overrightarrow{OQ}+\overrightarrow{OR}=x\boldsymbol{i}+y\boldsymbol{j}+z\boldsymbol{k}.$$

所以 $\boldsymbol{a}=x\boldsymbol{i}+y\boldsymbol{j}+z\boldsymbol{k}$ 称为向量的坐标表达式，又记为

$$\boldsymbol{a}=(x,y,z).$$

1. 向量的运算

设向量 $\boldsymbol{a}=x_1\boldsymbol{i}+y_1\boldsymbol{j}+z_1\boldsymbol{k}$，$\boldsymbol{b}=x_2\boldsymbol{i}+y_2\boldsymbol{j}+z_2\boldsymbol{k}$，则

(1) $\boldsymbol{a}+\boldsymbol{b}=(x_1+x_2)\boldsymbol{i}+(y_1+y_2)\boldsymbol{j}+(z_1+z_2)\boldsymbol{k}=(x_1+x_2,y_1+y_2,z_1+z_2)$；

(2) $\boldsymbol{a}-\boldsymbol{b}=(x_1-x_2)\boldsymbol{i}+(y_1-y_2)\boldsymbol{j}+(z_1-z_2)\boldsymbol{k}=(x_1-x_2,y_1-y_2,z_1-z_2)$；

(3) $\lambda\boldsymbol{a}=\lambda x_1\boldsymbol{i}+\lambda y_1\boldsymbol{j}+\lambda z_1\boldsymbol{k}=(\lambda x_1,\lambda y_1,\lambda z_1)$.

而两向量 $\boldsymbol{a}$ 和 $\boldsymbol{b}$ 平行的话，则

$$\boldsymbol{a}/\!/\boldsymbol{b}\quad\Leftrightarrow\quad\frac{x_1}{x_2}=\frac{y_1}{y_2}=\frac{z_1}{z_2}.$$

2. 向量的模

$$|\boldsymbol{a}|=\sqrt{x^2+y^2+z^2}.$$

例 3 已知 $\boldsymbol{a}=\boldsymbol{i}+2\boldsymbol{j}-4\boldsymbol{k}$，$\boldsymbol{b}=-3\boldsymbol{i}+\boldsymbol{j}+5\boldsymbol{k}$，求 $\boldsymbol{a}+\boldsymbol{b}$，$\boldsymbol{a}-\boldsymbol{b}$，$3\boldsymbol{a}$，$|\boldsymbol{a}|$.

解

$$\boldsymbol{a}+\boldsymbol{b}=-2\boldsymbol{i}+3\boldsymbol{j}+\boldsymbol{k};$$
$$\boldsymbol{a}-\boldsymbol{b}=4\boldsymbol{i}+\boldsymbol{j}-9\boldsymbol{k};$$
$$3\boldsymbol{a}=3\boldsymbol{i}+6\boldsymbol{j}-12\boldsymbol{k};$$
$$|\boldsymbol{a}|=\sqrt{1^2+2^2+(-4)^2}=\sqrt{21}.$$

习题一

1. 已知 $A(-5,0,1)$，$B(2,-3,4)$，求 AB 的距离.
2. 设 $\boldsymbol{a}=-\boldsymbol{i}-2\boldsymbol{j}+3\boldsymbol{k}$，$\boldsymbol{b}=4\boldsymbol{i}+3\boldsymbol{j}-\boldsymbol{k}$，求 $\boldsymbol{a}+\boldsymbol{b}$，$\boldsymbol{a}-\boldsymbol{b}$，$|\boldsymbol{b}|$，$2\boldsymbol{a}-3\boldsymbol{b}$.
3. 已知 $\boldsymbol{a}=\boldsymbol{i}+2\boldsymbol{j}-5\boldsymbol{k}$ 的起点 $(0,2,-1)$，求它的终点坐标.

第 2 节　数量积与向量积

一、向量的数量积

如图 8-12 所示，设一物体在常力 $\boldsymbol{F}$ 作用下沿直线从点 A 移动到点 B，位移 $\boldsymbol{s}=$

$\overrightarrow{AB}$,则力 $\boldsymbol{F}$ 所作的功为

$$W=|\boldsymbol{F}||\boldsymbol{s}|\cos\theta.$$

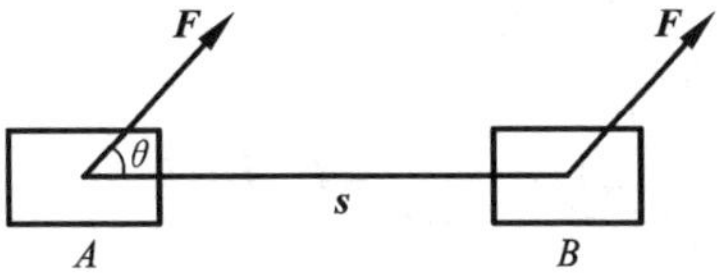

图 8-12

1. 定义

设 $\boldsymbol{a}$ 和 $\boldsymbol{b}$ 之间的夹角为 $\theta(0\leqslant\theta\leqslant180^\circ)$,则称 $|\boldsymbol{a}||\boldsymbol{b}|\cos\theta$ 为向量 $\boldsymbol{a}$ 与 $\boldsymbol{b}$ 的数量积(或内积或点积),记为 $\boldsymbol{a}\cdot\boldsymbol{b}$,即

$$\boldsymbol{a}\cdot\boldsymbol{b}=|\boldsymbol{a}||\boldsymbol{b}|\cos\theta.$$

注意:(1) $\boldsymbol{a}\cdot\boldsymbol{b}$ 是一个数,它与 $\boldsymbol{a}$ 和 $\boldsymbol{b}$ 的模以及 $\boldsymbol{a}$ 和 $\boldsymbol{b}$ 的夹角 θ 有关;

(2) $\boldsymbol{a}\cdot\boldsymbol{a}=|\boldsymbol{a}|^2$;

(3) 运算律:

交换律:　$\boldsymbol{a}\cdot\boldsymbol{b}=\boldsymbol{b}\cdot\boldsymbol{a}$;

分配律:　$(\boldsymbol{a}+\boldsymbol{b})\cdot\boldsymbol{c}=\boldsymbol{a}\cdot\boldsymbol{c}+\boldsymbol{b}\cdot\boldsymbol{c}$;

结合律:　$(\lambda\boldsymbol{a})\cdot\boldsymbol{b}=\lambda(\boldsymbol{a}\cdot\boldsymbol{b})=\boldsymbol{a}\cdot(\lambda\boldsymbol{b})$　(λ 为常数).

2. 坐标表示

设 $\boldsymbol{a}=a_1\boldsymbol{i}+a_2\boldsymbol{j}+a_3\boldsymbol{k},\boldsymbol{b}=b_1\boldsymbol{i}+b_2\boldsymbol{j}+b_3\boldsymbol{k}$,则

$$\boldsymbol{a}\cdot\boldsymbol{b}=(a_1\boldsymbol{i}+a_2\boldsymbol{j}+a_3\boldsymbol{k})\cdot(b_1\boldsymbol{i}+b_2\boldsymbol{j}+b_3\boldsymbol{k}).$$

将上式右端展开,合并,且

$$\boldsymbol{i}\cdot\boldsymbol{i}=\boldsymbol{j}\cdot\boldsymbol{j}=\boldsymbol{k}\cdot\boldsymbol{k}=1,\quad \boldsymbol{i}\cdot\boldsymbol{j}=\boldsymbol{i}\cdot\boldsymbol{k}=\boldsymbol{j}\cdot\boldsymbol{k}=0.$$

化简后得

$$\boldsymbol{a}\cdot\boldsymbol{b}=a_1b_1+a_2b_2+a_3b_3.$$

即两向量的数量积等于它们对应坐标乘积之和.

例 1　设 $\boldsymbol{a}=2\boldsymbol{i}+3\boldsymbol{j}+2\boldsymbol{k},\boldsymbol{b}=2\boldsymbol{i}-\boldsymbol{j}$,求 $\boldsymbol{a}\cdot\boldsymbol{b}$.

解　$\boldsymbol{a}\cdot\boldsymbol{b}=2\times2+3\times(-1)+2\times0=1.$

3. 两向量的夹角

我们已经知道 $\boldsymbol{a}\cdot\boldsymbol{b}=|\boldsymbol{a}||\boldsymbol{b}|\cos\theta$,因此

$$\cos\theta=\frac{\boldsymbol{a}\cdot\boldsymbol{b}}{|\boldsymbol{a}||\boldsymbol{b}|}=\frac{a_1b_1+a_2b_2+a_3b_3}{\sqrt{a_1^2+a_2^2+a_3^2}\cdot\sqrt{b_1^2+b_2^2+b_3^2}}.$$

由上式,易得

$$\boldsymbol{a}\perp\boldsymbol{b}\quad\Leftrightarrow\quad\boldsymbol{a}\cdot\boldsymbol{b}=0.$$

例 2　求 $\boldsymbol{a},\boldsymbol{b}$ 之间的夹角.

(1) $\boldsymbol{a}=\boldsymbol{i}+\boldsymbol{j}+\boldsymbol{k},\boldsymbol{b}=2\boldsymbol{i}+2\boldsymbol{j}+2\boldsymbol{k}$;

(2) $\boldsymbol{a}=\boldsymbol{i}+3\boldsymbol{j}-2\boldsymbol{k},\boldsymbol{b}=4\boldsymbol{i}-2\boldsymbol{j}-\boldsymbol{k}$.

解　(1)　$\boldsymbol{a}=\boldsymbol{i}+\boldsymbol{j}+\boldsymbol{k},\boldsymbol{b}=2\boldsymbol{i}+2\boldsymbol{j}+2\boldsymbol{k}$,

$$\cos\theta=\frac{1\times2+1\times2+1\times2}{\sqrt{1^2+1^2+1^2}\cdot\sqrt{2^2+2^2+2^2}}=1,$$

$$\theta=0.$$

因此

$$\boldsymbol{a}/\!/\boldsymbol{b}.$$

(2)

$$\boldsymbol{a}=\boldsymbol{i}+3\boldsymbol{j}-2\boldsymbol{k},\boldsymbol{b}=4\boldsymbol{i}-2\boldsymbol{j}-\boldsymbol{k},$$

$$\cos\theta=\frac{1\times4+3\times(-2)+(-2)\times(-1)}{\sqrt{1^2+3^2+(-2)^2}\cdot\sqrt{4^2+(-2)^2+(-1)^2}}=0,$$

$$\theta=90^\circ.$$

所以

$$\boldsymbol{a}\perp\boldsymbol{b}.$$

二、向量的向量积

1. 定义

设 $\boldsymbol{a}$ 和 $\boldsymbol{b}$ 之间的夹角为 $\theta(0\leqslant\theta\leqslant180^\circ)$，则 $\boldsymbol{a}$ 和 $\boldsymbol{b}$ 的向量积是一个新的向量，称为向量积(或叉积)，记为 $\boldsymbol{a}\times\boldsymbol{b}$.

我们对向量积有如下规定.

(1) 模：$|\boldsymbol{a}\times\boldsymbol{b}|=|\boldsymbol{a}||\boldsymbol{b}|\sin\theta$.

(2) 方向：垂直于 $\boldsymbol{a}$ 和 $\boldsymbol{b}$ 所确定的平面，按右手法则由 $\boldsymbol{a}$ 转向 $\boldsymbol{b}$. 如图 8-13 所示.

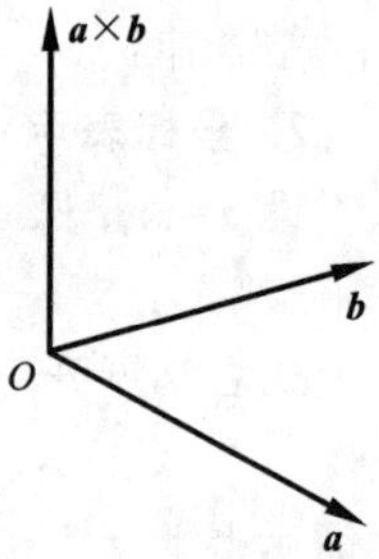

图 8-13

注意：(1) $\boldsymbol{a}\times\boldsymbol{a}=\boldsymbol{0}$；

(2) 运算律：

反交换律：　　$\boldsymbol{a}\times\boldsymbol{b}=-\boldsymbol{b}\times\boldsymbol{a}$；

分配律：　　$(\boldsymbol{a}+\boldsymbol{b})\times\boldsymbol{c}=\boldsymbol{a}\times\boldsymbol{c}+\boldsymbol{b}\times\boldsymbol{c}$；

结合律：　　$(\lambda\boldsymbol{a})\times\boldsymbol{b}=\boldsymbol{a}\times(\lambda\boldsymbol{b})=\lambda(\boldsymbol{a}\times\boldsymbol{b})$.

由上式易知：　　$\boldsymbol{a}/\!/\boldsymbol{b}\ \Leftrightarrow\ \boldsymbol{a}\times\boldsymbol{b}=\boldsymbol{0}$.

2. 坐标表示

设 $\boldsymbol{a}=a_1\boldsymbol{i}+a_2\boldsymbol{j}+a_3\boldsymbol{k},\boldsymbol{b}=b_1\boldsymbol{i}+b_2\boldsymbol{j}+b_3\boldsymbol{k}$，则

$$\boldsymbol{a}\times\boldsymbol{b}=(a_1\boldsymbol{i}+a_2\boldsymbol{j}+a_3\boldsymbol{k})\times(b_1\boldsymbol{i}+b_2\boldsymbol{j}+b_3\boldsymbol{k}).$$

将上式右端展开，合并，且

$$\boldsymbol{i}\times\boldsymbol{i}=\boldsymbol{j}\times\boldsymbol{j}=\boldsymbol{k}\times\boldsymbol{k}=\boldsymbol{0},\quad \boldsymbol{i}\times\boldsymbol{j}=\boldsymbol{k},\quad \boldsymbol{j}\times\boldsymbol{k}=\boldsymbol{i},\quad \boldsymbol{k}\times\boldsymbol{i}=\boldsymbol{j}.$$

化简后得

$$\boldsymbol{a}\times\boldsymbol{b}=(a_2b_3-a_3b_2)\boldsymbol{i}-(a_1b_3-a_3b_1)\boldsymbol{j}+(a_1b_2-a_2b_1)\boldsymbol{k}$$

$$=\begin{vmatrix}\boldsymbol{i}&\boldsymbol{j}&\boldsymbol{k}\\a_1&a_2&a_3\\b_1&b_2&b_3\end{vmatrix}.$$

例 3　求 $\boldsymbol{a}\times\boldsymbol{b}$.

(1) $\boldsymbol{a}=\boldsymbol{i}+\boldsymbol{j}+\boldsymbol{k},\boldsymbol{b}=2\boldsymbol{i}+2\boldsymbol{j}+2\boldsymbol{k}$；

(2) $\boldsymbol{a}=\boldsymbol{i}+3\boldsymbol{j}-2\boldsymbol{k},\boldsymbol{b}=4\boldsymbol{i}-2\boldsymbol{j}-\boldsymbol{k}$.

解　(1) 因为 $\boldsymbol{a}=\boldsymbol{i}+\boldsymbol{j}+\boldsymbol{k},\boldsymbol{b}=2\boldsymbol{i}+2\boldsymbol{j}+2\boldsymbol{k}$,所以

$$\boldsymbol{a}\times\boldsymbol{b}=\begin{vmatrix}\boldsymbol{i}&\boldsymbol{j}&\boldsymbol{k}\\1&1&1\\2&2&2\end{vmatrix}=\begin{vmatrix}1&1\\2&2\end{vmatrix}\boldsymbol{i}-\begin{vmatrix}1&1\\2&2\end{vmatrix}\boldsymbol{j}+\begin{vmatrix}1&1\\2&2\end{vmatrix}\boldsymbol{k}=\boldsymbol{0}.$$

(2) 因为 $\boldsymbol{a}=\boldsymbol{i}+3\boldsymbol{j}-2\boldsymbol{k},\boldsymbol{b}=4\boldsymbol{i}-2\boldsymbol{j}-\boldsymbol{k}$,所以

$$\boldsymbol{a}\times\boldsymbol{b}=\begin{vmatrix}\boldsymbol{i}&\boldsymbol{j}&\boldsymbol{k}\\1&3&-2\\4&-2&-1\end{vmatrix}=\begin{vmatrix}3&-2\\-2&-1\end{vmatrix}\boldsymbol{i}-\begin{vmatrix}1&-2\\4&-1\end{vmatrix}\boldsymbol{j}+\begin{vmatrix}1&3\\4&-2\end{vmatrix}\boldsymbol{k}$$

$$=-7\boldsymbol{i}-7\boldsymbol{j}-14\boldsymbol{k}.$$

习题二

1. 已知 $\boldsymbol{a}=3\boldsymbol{i}-2\boldsymbol{j}+4\boldsymbol{k},\boldsymbol{b}=-5\boldsymbol{i}-\boldsymbol{j}-2\boldsymbol{k}$,求 $\boldsymbol{a}\cdot\boldsymbol{b}$ 和 $\boldsymbol{a}\times\boldsymbol{b}$.

2. 求证:

(1) $\boldsymbol{a}=2\boldsymbol{i}-\boldsymbol{j}+\boldsymbol{k}$ 与 $\boldsymbol{b}=4\boldsymbol{i}+9\boldsymbol{j}+\boldsymbol{k}$ 互相垂直;

(2) $\boldsymbol{a}=2\boldsymbol{i}-\boldsymbol{j}+\boldsymbol{k}$ 与 $\boldsymbol{b}=4\boldsymbol{i}-2\boldsymbol{j}+2\boldsymbol{k}$ 互相平行.

第 3 节　空间平面及其方程

一、平面的点法式方程

如果一个非零向量垂直于一个平面,则此向量称为该平面的法向量,记为 $\boldsymbol{n}$. 显然,平面的法向量与平面内任一向量都垂直.

下面,我们来建立平面方程. 设平面过点 $P_0(x_0,y_0,z_0)$,平面的法向量 $\boldsymbol{n}=(A,B,C)$,而 $P(x,y,z)$ 是平面上的任意一点,则 $\boldsymbol{n}\cdot\overrightarrow{P_0P}=0$,如图 8-14 所示. 而

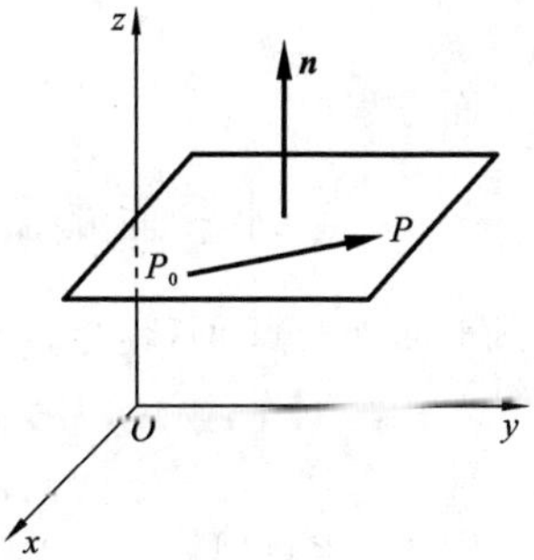

图 8-14

$$\boldsymbol{n}=(A,B,C),\quad \overrightarrow{P_0P}=(x-x_0,y-y_0,z-z_0),$$

即
$$A(x-x_0)+B(y-y_0)+C(z-z_0)=0,$$
该方程称为平面的点法式方程.

例 1　求过点(2,1,1),且与向量 $3\boldsymbol{i}+2\boldsymbol{j}-\boldsymbol{k}$ 垂直的平面方程.

解　因过点(2,1,1),且与 $\boldsymbol{n}=3\boldsymbol{i}+2\boldsymbol{j}-\boldsymbol{k}$ 垂直,故平面的点法式方程

$$3(x-2)+2(y-1)-(z-1)=0,$$

即
$$3x+2y-z-7=0.$$

二、平面的一般方程

由平面的点法式方程

$$A(x-x_0)+B(y-y_0)+C(z-z_0)=0,$$

展开后得
$$Ax+By+Cz+(-Ax_0-By_0-Cz_0)=0.$$

令 $D=-Ax_0-By_0-Cz_0$,则

$$Ax+By+Cz+D=0.$$

该方程称为平面的一般方程,其中 A,B,C 是平面的法向量的坐标,并且 A,B,C 不能同时为零.

对于平面的一般方程,有以下几种特殊情形:

(1) 当 $A=0$ 时,方程为 $By+Cz+D=0$,它表示一个平行于 x 轴的平面;

当 $B=0$ 时,方程为 $Ax+Cz+D=0$,它表示一个平行于 y 轴的平面;

当 $C=0$ 时,方程为 $Ax+By+D=0$,它表示一个平行于 z 轴的平面.

(2) 当 $A=B=0$ 时,方程为 $Cz+D=0$,它表示一个平行于 xOy 面的平面;

当 $B=C=0$ 时,方程为 $Ax+D=0$,它表示一个平行于 yOz 面的平面;

当 $A=C=0$ 时,方程为 $By+D=0$,它表示一个平行于 xOz 面的平面.

(3) 当 $D=0$ 时,方程为 $Ax+By+Cz=0$,它表示一个过原点的平面.

例 2 求过 y 轴和点 $(1,2,-1)$ 的平面方程.

解 平面过 y 轴,则方程为

$$Ax+Cz=0;$$

平面过点 $(1,2,-1)$,则

$$A-C=0, \quad 即 \quad A=C.$$

代回方程,有

$$Ax+Az=0,$$

则平面方程
$$x+z=0.$$

三、点到平面的距离

平面外一点 $M(x_0,y_0,z_0)$ 到平面 $Ax+By+Cz+D=0$ 的距离为

$$d=\frac{|Ax_0+By_0+Cz_0+D|}{\sqrt{A^2+B^2+C^2}}.$$

例 3 求点 $(1,0,-1)$ 到平面 $x+2y-z+3=0$ 的距离.

解
$$d=\frac{|1\times1+2\times0-1\times(-1)+3|}{\sqrt{1^2+2^2+(-1)^2}}=\frac{5}{6}\sqrt{6}.$$

习题三

1. 求过点 $(1,2,3)$ 且与 x 轴垂直的平面方程.

2. 求过点(1,1,−1),(−2,3,1),(1,0,−2)的平面方程.

3. 求点(−2,3,−1)到平面 $x+4y-5z+6=0$ 的距离.

第 4 节　空间直线及其方程

一、空间直线的点向式方程

如果一个非零向量平行于一条直线,我们称该向量为直线的方向向量,记为 $\boldsymbol{s}$. 显然,直线上的任意向量都平行于该直线的方向向量.

下面,我们来建立直线方程. 设直线过点 $P_0(x_0,y_0,z_0)$,直线的方向向量 $\boldsymbol{s}=(m,n,p)$,而 $P(x,y,z)$是直线上的任意一点,则 $\boldsymbol{s}\,/\!/\,\overrightarrow{P_0P}$,如图 8-15 所示. 而

$$\boldsymbol{s}=(m,n,p),\quad \overrightarrow{P_0P}=(x-x_0,y-y_0,z-z_0),$$

即
$$\frac{x-x_0}{m}=\frac{y-y_0}{n}=\frac{z-z_0}{p},$$

该方程称为直线的点向式方程.

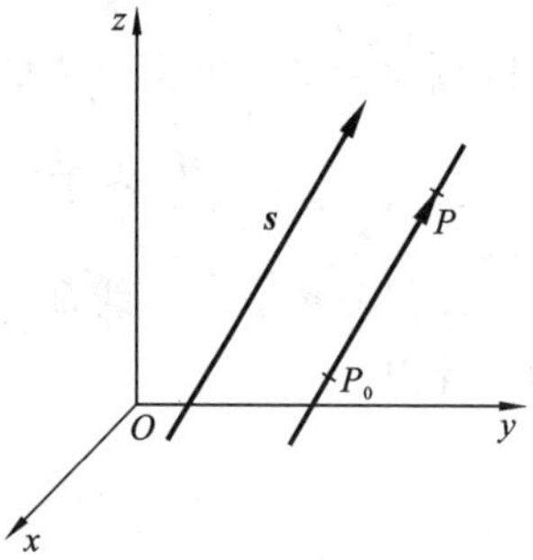

图 8-15

例 1　求过点(1,1,1),且平行于 $i+2j+3k$ 的直线方程.

解　直线过点(1,1,1),$\boldsymbol{s}=\boldsymbol{i}+2\boldsymbol{j}+3\boldsymbol{k}$,则直线的点向式方程为

$$\frac{x-1}{1}=\frac{y-1}{2}=\frac{z-1}{3}.$$

二、空间直线的参数方程

对于直线的点向式方程

$$\frac{x-x_0}{m}=\frac{y-y_0}{n}=\frac{z-z_0}{p},$$

如果令
$$\frac{x-x_0}{m}=\frac{y-y_0}{n}=\frac{z-z_0}{p}=t,$$

则
$$\begin{cases}x=x_0+mt,\\ y=y_0+nt,\\ z=z_0+pt,\end{cases}$$

该方程称为直线的参数方程.

例 2　求直线 $\dfrac{x-2}{3}=\dfrac{y+1}{-2}=\dfrac{z}{1}$ 与平面 $x+y-2z+5=0$ 的交点.

解 令直线方程

$$\frac{x-2}{3}=\frac{y+1}{-2}=\frac{z}{1}=t,$$

则参数方程为

$$\begin{cases}x=3t+2,\\ y=-2t-1,\\ z=t.\end{cases}$$

因直线与平面 $x+y-2z+5=0$ 相交，故将上述直线的参数方程代入平面方程，得

$$(3t+2)+(-2t-1)-2t+5=0,$$

即

$$t=6.$$

所以直线与平面的交点为(20，-13，6).

三、空间直线的一般方程

任何一条空间直线都可以看成是两个平面的交线，则由这两个平面的方程组成的方程组

$$\begin{cases}A_1x+B_1y+C_1z+D_1=0\\ A_2x+B_2y+C_2z+D_2=0\end{cases}$$

即为空间直线的一般方程.

例 3 求过点 $M_0(-1,2,1)$ 且与两平面 $x+y-2z-1=0$ 和 $x+2y-z+3=0$ 的交线平行的直线方程.

解 所求直线的方向向量为

$$\boldsymbol{s}=\begin{vmatrix}\boldsymbol{i} & \boldsymbol{j} & \boldsymbol{k}\\ 1 & 1 & -2\\ 1 & 2 & -1\end{vmatrix}=3\boldsymbol{i}-\boldsymbol{j}+\boldsymbol{k},$$

因为直线过点 $M_0(-1,2,1)$，因此直线方程为

$$\frac{x+1}{3}=\frac{y-2}{-1}=\frac{z-1}{1}.$$

习题四

1. 求过点(2，-1，3)和点(5，-3，-2)的直线方程.

2. 求过点(-1，2，1)且平行于直线 $\begin{cases}x+y+z=-2\\ 2x+y-z=3\end{cases}$ 的直线方程.

3. 求直线方程：

(1) 过点(-3，-1，1)且与平面 $3x+y-z=1$ 垂直；

(2) 过点(0，1，3)且与 $\boldsymbol{i}+\boldsymbol{j}-\boldsymbol{k}$ 平行.

第 5 节　空间曲面及其方程

一、空间曲面的概念

在现实生活中，我们经常会遇到各种曲面，如碗的表面，反光镜的镜面，通风塔的外表面等. 在空间解析几何中，曲面可以看成是动点的几何轨迹. 如果三元方程 $F(x,y,z)=0$ 与曲面 S 有这样的关系：

(1) 曲面 S 上任一点的坐标都满足方程 $F(x,y,z)=0$；

(2) 不在曲面 S 上的点的坐标都不满足方程 $F(x,y,z)=0$，

那么方程 $F(x,y,z)=0$ 称为曲面 S 的方程，曲面 S 称为方程 $F(x,y,z)=0$ 的图形.

例 1　求以点 $M_0(a,b,c)$ 为球心，以 2 为半径的球面方程.

解　设 $M(x,y,z)$ 为球面上任一点，则

$$\sqrt{(x-a)^2+(y-b)^2+(z-c)^2}=2,$$

即

$$(x-a)^2+(y-b)^2+(z-c)^2=4.$$

推广：球心为 (a,b,c)，半径为 R 的球面方程为

$$(x-a)^2+(y-b)^2+(z-c)^2=R^2.$$

二、常见曲面及其方程

1. 柱面

定义　平行于定直线并沿曲线 C 移动的直线 L 形成的轨迹，称为柱面，曲线 C 称为柱面的准线，动直线 L 称为柱面的母线，如图 8-16 所示.

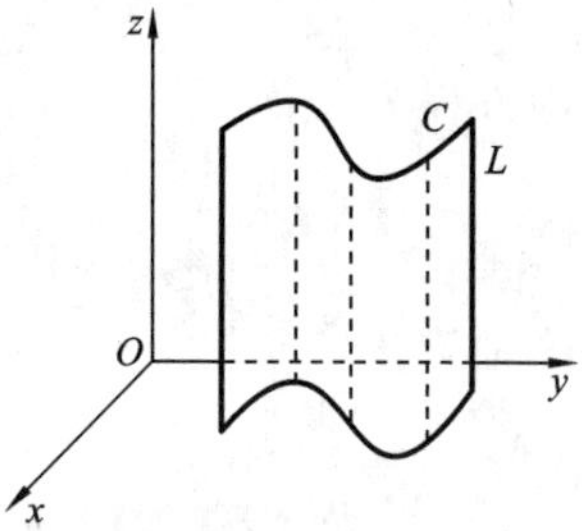

图 8-16

一般地，不含变量 z 的方程表示准线在 xOy 面上，母线平行于 z 轴的柱面；不含变量 x 的方程表示准线在 yOz 面上，母线平行于 x 轴的柱面；不含变量 y 的方程表示准线在 xOz 面上，母线平行于 y 轴的柱面.

例如，方程 $\frac{x^2}{a^2}+\frac{y^2}{b^2}=1$，$\frac{x^2}{a^2}-\frac{y^2}{b^2}=1$，$y^2=2px$ 在空间直角坐标系中分别表示母线平行于 z 轴的椭圆柱面、双曲柱面、抛物柱面，如图 8-17 所示.

2. 旋转曲面

定义　一平面曲线 C 绕同一平面上的一条定直线 L 旋转所形成的曲面称为旋转曲面，曲线 C 称为旋转曲面的母线，直线 L 称为旋转曲面的轴.

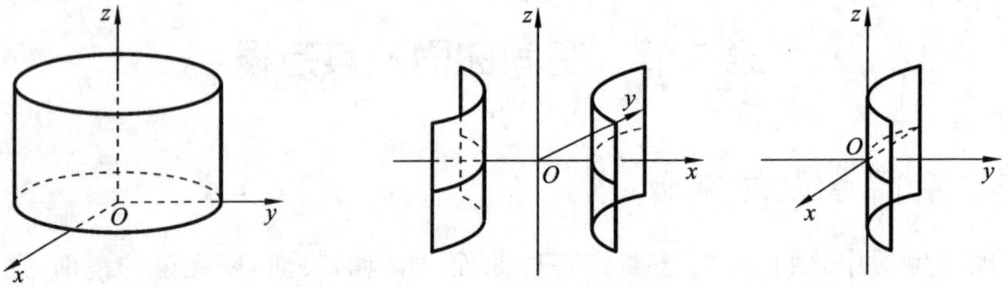

图 8-17

如图 8-18 所示,设在 yOz 平面上有一条已知曲线 C,它在平面直角坐标系中的方程为 $f(y,z)=0$,则曲线 C 绕 z 轴旋转而成的旋转曲面方程是

$$f(\pm\sqrt{x^2+y^2},z)=0.$$

而曲线 C 绕 y 轴旋转的旋转曲面方程

$$f(y,\pm\sqrt{x^2+z^2})=0.$$

与此类似,其它平面上的情况也可以用这种方法讨论.

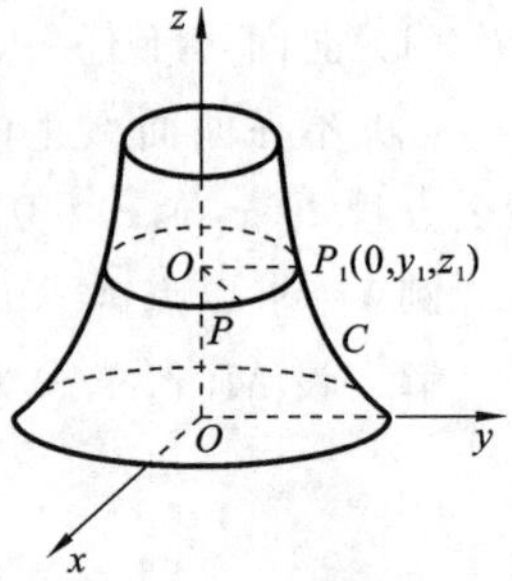

图 8-18

例 2 求 xOz 面内曲线$\frac{x^2}{4}+\frac{z^2}{9}=1$ 分别绕 x 轴和 z 轴旋转而成的旋转曲面的方程.

解 绕 x 轴旋转:

$$\frac{x^2}{4}+\frac{(\pm\sqrt{y^2+z^2})^2}{9}=1,$$

曲面方程为

$$\frac{x^2}{4}+\frac{y^2+z^2}{9}=1.$$

绕 z 轴旋转:

$$\frac{(\pm\sqrt{x^2+y^2})^2}{4}+\frac{z^2}{9}=1,$$

曲面方程为

$$\frac{x^2+y^2}{4}+\frac{z^2}{9}=1.$$

3. 二次曲面

在空间直角坐标系中,若 $F(x,y,z)=0$ 是一次方程,则它所表示的图形是一个平面;若 $F(x,y,z)$是二次方程,则它所表示的图形就是二次曲面.

(1) 椭球面：$\frac{x^2}{a^2}+\frac{y^2}{b^2}+\frac{z^2}{c^2}=1$ ($a>0,b>0,c>0$)，如图 8-19 所示.

(2) 椭圆抛物面：$\frac{x^2}{2p}+\frac{y^2}{2q}=z$ ($p>0,q>0$)，如图 8-20 所示.

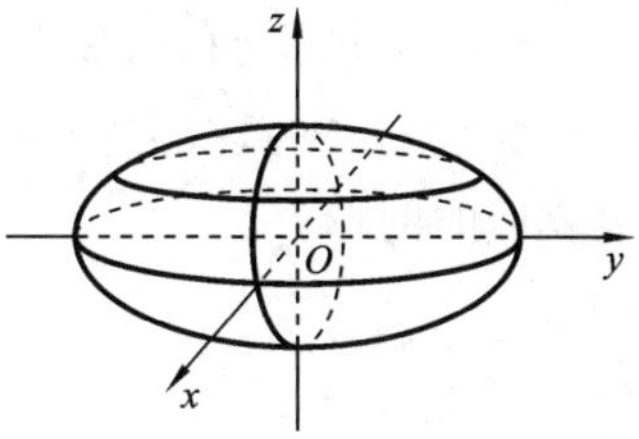

图 8-19

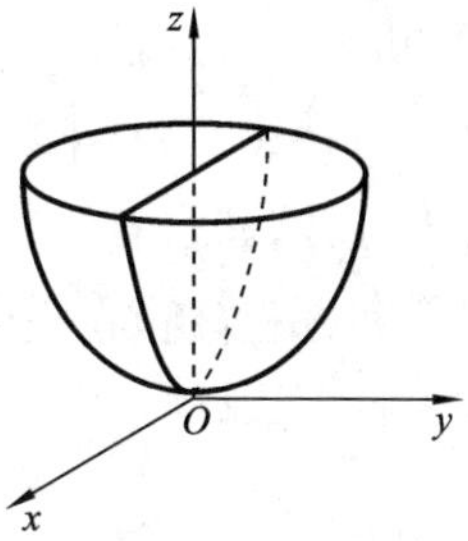

图 8-20

(3) 双曲面：

单叶双曲面：$\frac{x^2}{a^2}+\frac{y^2}{b^2}-\frac{z^2}{c^2}=1$ ($a>0,b>0,c>0$)，如图 8-21 所示.

双叶双曲面：$\frac{x^2}{a^2}+\frac{y^2}{b^2}-\frac{z^2}{c^2}=-1$ ($a>0,b>0,c>0$)，如图 8-22 所示.

(4) 双曲抛物面(或马鞍面)：$\frac{x^2}{2p}-\frac{y^2}{2q}=z$ ($p>0,q>0$)，如图 8-23 所示.

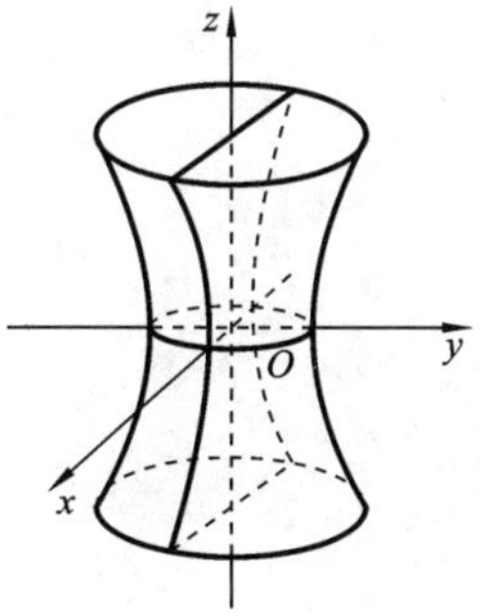

图 8-21

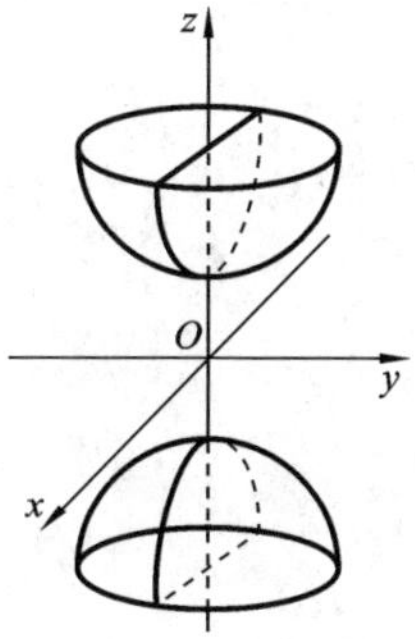

图 8-22

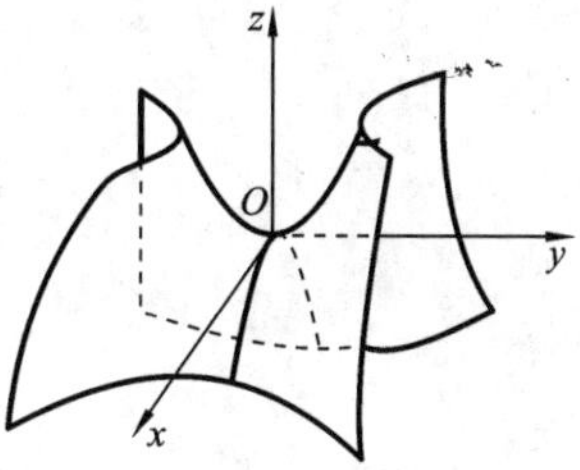

图 8-23

习题五

1. 已知点 $A(1,2,4)$，$B(3,-2,5)$，求线段 AB 的垂直平分面的方程.
2. 求将 xOy 面内的曲线 $y^2=4x$ 分别绕 x 轴和 y 轴旋转而成的旋转曲面方程.
3. 试作出 $\frac{x^2}{4}+\frac{y^2}{9}-\frac{z^2}{16}=1$ 的图形.

复 习 题 八

1. 已知 $\boldsymbol{a}=\boldsymbol{i}-\boldsymbol{j}-4\boldsymbol{k}$，$\boldsymbol{b}=2\boldsymbol{i}-3\boldsymbol{j}+\boldsymbol{k}$，求 $\boldsymbol{a}+\boldsymbol{b}$，$\boldsymbol{a}-2\boldsymbol{b}$，$|\boldsymbol{a}|$.

2. 设 $\boldsymbol{a}=3\boldsymbol{i}+2\boldsymbol{j}-\boldsymbol{k}$，$\boldsymbol{b}=\boldsymbol{i}+\boldsymbol{j}-5\boldsymbol{k}$，求 $\boldsymbol{a}\cdot\boldsymbol{b}$，$\boldsymbol{a}\times\boldsymbol{b}$，$\boldsymbol{b}\times\boldsymbol{a}$.

3. 求过点 $(-2,0,1)$ 且平行于平面 $x+2y-z+1=0$ 的平面方程.

4. 求过点 $(1,2,-4)$ 且与平面 $x+4y-5z+3=0$ 垂直的直线方程.

5. 指出下列方程(组)在空间直角坐标系中表示的图形：

(1) $z=-4$；　　(2) $y^2+z^2=1$；

(3) $x^2=4y$；　　(4) $\begin{cases}x+y=1\\x-3y=6\end{cases}$.